人力资源和社会保障部职业能力建设司推荐
有色金属行业职业教育培训规划教材

有色金属塑性加工原理

申智华　编著

北　京
冶　金　工　业　出　版　社
2011

内 容 简 介

本书是有色金属行业职业教育培训规划教材之一，是根据有色金属企业生产实际、岗位技能要求以及职业学校教学需要编写的，并经人力资源和社会保障部职业培训教材工作委员会办公室组织专家评审通过。

本书详细介绍了金属塑性加工的基本原理，全书共分7章，包括绪论、应力与变形、金属塑性变形的物理本质、塑性变形对金属组织性能的影响、压力加工中的摩擦与润滑、不均匀变形、金属的塑性、金属的变形抗力等。在内容组织和结构安排上，力求简明扼要，通俗易懂，理论联系实际，切合生产实际需要，突出行业特点。为便于读者自学，加深理解和学用结合，各章均附复习思考题。

本书可作为有色金属企业岗位操作人员的培训教材，也可作为职业学校(院)相关专业的教材，同时也可供有关的工程技术人员参考。

图书在版编目(CIP)数据

有色金属塑性加工原理/申智华编著．—北京：冶金工业出版社，2009.7（2011.3 重印）
有色金属行业职业教育培训规划教材
ISBN 978-7-5024-4645-1

Ⅰ．有… Ⅱ．申… Ⅲ．有色金属—金属压力加工—塑性变形—技术培训—教材 Ⅳ．TG301

中国版本图书馆 CIP 数据核字(2008)第 149737 号

出 版 人　曹胜利
地　　址　北京北河沿大街嵩祝院北巷 39 号，邮编 100009
电　　话　(010) 64027926　电子信箱　yjcbs@ cnmip. com. cn
责任编辑　张登科　李　雪　美术编辑　李　新　版式设计　张　青
责任校对　石　静　责任印制　李玉山
ISBN 978-7-5024-4645-1
北京兴华印刷厂印刷；冶金工业出版社发行；各地新华书店经销
2009 年 7 月第 1 版，2011 年 3 月第 2 次印刷
787mm × 1092mm　1/16；6.5 印张；163 千字；88 页
18.00 元

冶金工业出版社发行部　电话：(010)64044283　传真：(010)64027893
冶金书店　地址：北京东四西大街 46 号(100010)　电话：(010)65289081(兼传真)
（本书如有印装质量问题，本社发行部负责退换）

有色金属行业职业教育培训规划教材
编辑委员会

序

有色金属是重要的基础原材料，产品种类多，关联度广，是现代高新技术产业发展的关键支撑材料，广泛应用于电力、交通、建筑、机械、电子信息、航空航天和国防军工等领域，在保障国民经济和社会发展等方面发挥着重要作用。

改革开放以来，我国有色金属工业持续快速发展，十种常用有色金属总产量已连续7年居世界第一，产业结构调整和技术进步加快，在国际同行业中的地位明显提高，市场竞争力显著增强。我国有色金属工业的发展已经站在一个新的历史起点上，成为拉动世界有色金属工业增长的主导因素，成为推进世界有色金属科技进步的重要力量，将对世界有色金属工业的发展发挥越来越重要的作用。

当前，我国有色金属工业正处在调整产业结构，转变发展方式，依靠科技进步推动行业发展的关键时期。随着我国城镇化、工业化、信息化进程加快，对有色金属的需求潜力巨大，产业发展具有良好的前景。今后一个时期，我国有色金属工业发展的指导思想是：以邓小平理论和“三个代表”重要思想为指导，深入落实科学发展观，按照保增长、扩内需、调结构的总体要求，以控制总量、淘汰落后、加快技术改造、推进企业重组为重点，推动产业结构调整和优化升级；充分利用境内外两种资源，提高资源保障能力，建设资源节约型、环境友好型和科技创新型产业，促进我国有色金属工业可持续发展。

为了实现我国有色金属工业强国的宏伟目标，关键在人才，需要培养造就一大批高素质的职工队伍，既要有高级经营管理者、各类工程技术人才，更要有高素质、高技能、创新型的生产一线人才。因此，大力发展职业教育和职工培训是实施技能型人才培养的主要途径，是提高企业整体素质，增强企业核心竞争力的重要举措，是实现有色金属工业科学发展的迫切需要。

冶金工业出版社和洛阳有色金属工业学校为了适应有色金属工业中等职业学校教学和企业生产的实际需求，组织编写了这套培训教材。教材既有系统的理论知识，又有生产现场的实际经验，同时还吸纳了一些国内外的先进生产工艺技术，是一套行业教学和职工培训较为实用的中级教材。

加强中等职业教育和职工培训教材的建设，是增强职业教育和培训工作实效的重要途径。要坚持少而精、管用的原则，精心组织、精心编写，使教材做到理论与实际相结合，体现创新理念、时代特色，在建设高素质、高技能的有色金属工业职工队伍中发挥积极作用。

中国有色金属工业协会会长 康义

2009 年 6 月

前　言

本书是按照人力资源和社会保障部的规划，参照行业职业技能标准和职业技能鉴定规范，根据有色金属企业生产实际、岗位技能要求以及职业学校教学需要编写的。书稿经人力资源和社会保障部职业培训教材工作委员会办公室组织专家评审通过，由人力资源和社会保障部职业能力建设司推荐作为有色金属行业职业教育培训规划教材。

本书详细介绍了金属塑性加工基本原理。全书共分7章，包括绪论、应力与变形、金属塑性变形的物理本质、塑性变形对金属组织性能的影响、压力加工中的摩擦与润滑、不均匀变形、金属的塑性、金属的变形抗力等。在内容组织和结构安排上，本书力求简明扼要，通俗易懂，理论联系实际，切合生产实际需要，突出行业特点。为便于读者自学，加深理解和学用结合，各章均附复习思考题。

本书可作为有色金属企业岗位操作人员的培训教材，也可作为职业学校（院）相关专业的教材，同时也可供有关的工程技术人员参考。

本书由申智华编写，马可定审稿。在编写过程中，得到了杨伟宏、李巧云、姚晓燕、白素琴以及申庆林、蔡纯英等的大力支持和热忱帮助，并参考了一些相关著作和文献资料，在此一并表示衷心的感谢。

由于编者水平所限，编写经验不足，书中不妥之处，恳请读者批评指正。

作　者

2009年5月

目　录

0 绪 论

金属塑性加工,也称为金属压力加工,就是利用金属的塑性,通过外力的作用,使金属产生塑性变形,从而获得各种形状、尺寸和性能的产品的加工方法。

在国民经济各部门中,所需要的有色金属材料大多是以管、棒、线、型、板、带、箔等产品来供应,而这些有色金属材料大多是通过压力加工方法生产出来的。

金属成形方法除金属压力加工外还有许多,如铸造、焊接、铆接以及切削加工的车、铣、刨、磨、钻等,金属压力加工同它们相比有以下优点:其一,金属经过塑性加工后,通过对铸造组织的改造,其组织和性能都得到改善和提高;其二,金属压力加工时,如不计切头切尾、氧化等,可认为变形前后质量相等,故压力加工又称为无屑加工;其三,用压力加工生产出的产品有较高的精度;其四,压力加工方法自动化程度高,现在多采用计算机控制,生产效率高,适合大规模生产。

金属压力加工的种类很多,按加工时工件的受力和变形方式可分为锻造、轧制、挤压、拉伸、冲压、液态铸轧等。

(1)锻造。是通过锻锤锤头的往复运动或压力机压头对工件施加压力,使金属产生塑性变形的过程。锻造又分为自由锻和模锻两种。自由锻是将工件放在平板锤头间进行锻造;模锻是将工件放在一定形状的模具内,然后对模具施加压力进行锻造。如图 0-1 所示。

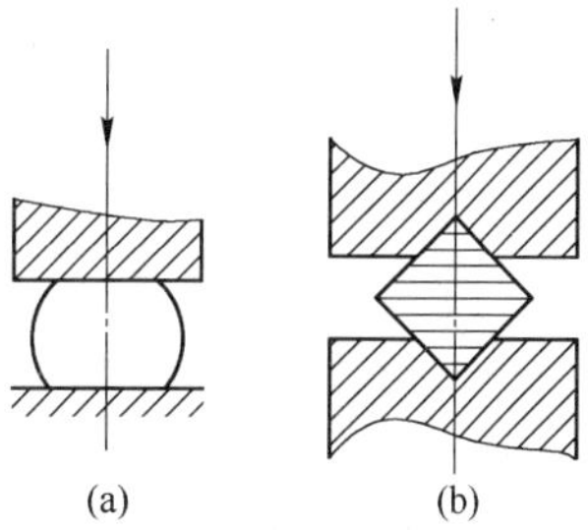

图 0-1　锻造
(a)自由锻造;(b)模锻

(2)轧制。它是坯料通过转动的一对轧辊受到压缩,使其横断面减小,形状改变,长度增加的塑性变形过程。轧制又分纵轧、横轧和斜轧。纵轧时,工作轧辊的转动方向相反,轧件的纵轴线与轧辊的轴线相互垂直,如板带材的生产;横轧时,工作轧辊的转动方向相同,轧件的纵轴线与轧辊的轴线相互平行,它可生产变断面轴、齿轮、周期断面型材以及钢球等;斜轧时,工作轧辊的转动方向相同,轧件的纵轴线与轧辊轴线成一定的倾斜角,如钢铁生产中的斜轧穿孔。如图 0-2 所示。

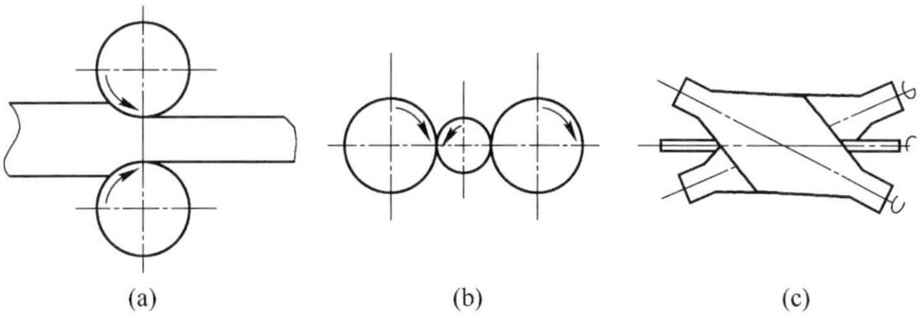

图 0-2　轧制
(a)纵轧;(b)横轧;(c)斜轧

(3)挤压。它是把坯料放入挤压筒,靠挤压机的挤压轴对金属施加压力,使其从一定形状和尺寸的模孔中挤出而产生塑性变形的过程。按挤压时金属流动的方向不同,挤压又分为正挤压和反挤压两种。正挤压时,挤压轴的运动方向和从模孔中挤出的金属流动方向一致;反挤压时,挤压轴的运动方向和从模孔中挤出的金属流动方向相反。如图 0-3 所示。

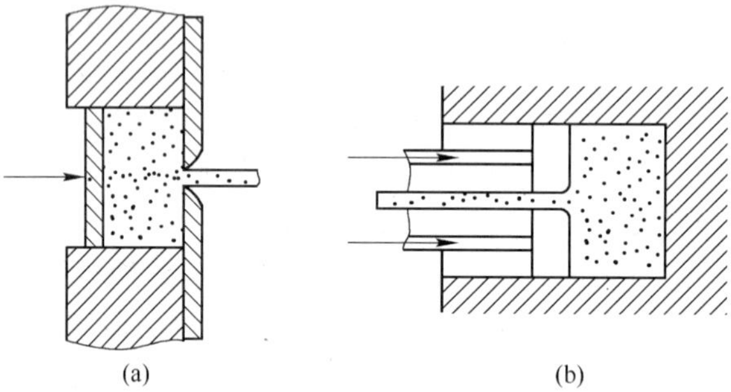

图 0-3　挤压
(a)正挤压;(b)反挤压

(4)拉伸。它是用拉伸机的钳子把金属从一定形状和尺寸的模孔中拉出来,使其产生塑性变形的过程。拉伸有棒材拉伸或型材和管材拉伸,管材拉伸时又分为带芯头拉伸和空心拉伸。如图 0-4 所示。

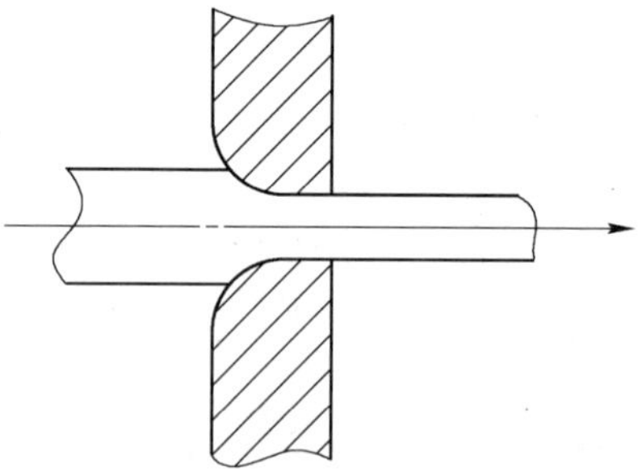

图 0-4　拉伸

由于生产发展的需要,也为了扩大品种和提高成形效率,常常把上述基本加工方式组合起来,形成新的组合加工变形过程。例如轧制,目前已成功地研究出轧制和其他加工变形方式的组合加工方法,即轧制与锻压、挤压、拉拔、弯曲和剪切的复合加工。这样可达到节能节材、高产优质及获得特殊用途材料的目的。

此外,铸造和轧制组合的液态铸轧,在铝板带生产中得到了越来越广泛的应用。如图 0-5 所示。

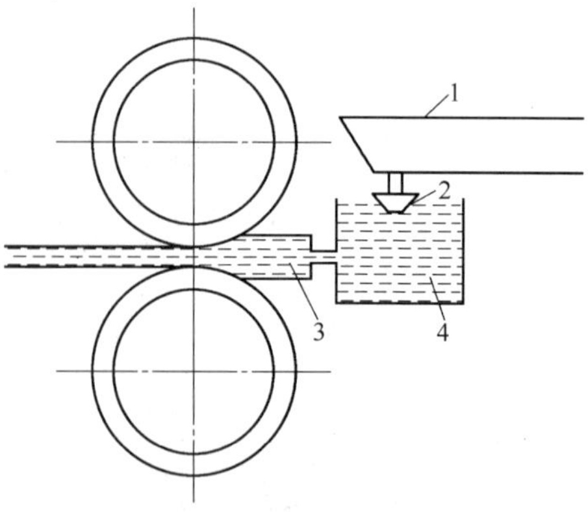

图 0-5　液态铸轧
1—流槽;2—浮漂;3—供料嘴;4—前箱

压力加工时若按工件的温度特征分类,可分为热加工、冷加工和温加工。

(1)热加工。它是指金属在再结晶温度以上进行的压力加工过程。热加工,金属变形时,能同时产生硬化与软化两过程,且软化进行得很完善,变形后的产品无硬化的痕迹。

(2)冷加工。它是指金属在再结晶温度以下进行的压力加工过程。冷加工时由于加工温度在再结晶温度以下,发生回复很少,硬化在整个塑性变形过程中起主导作用,因而随变形程度的增加,金属的变形抗力不断增加,塑性指标逐渐下降。

(3)温加工。它是将金属加热到室温以上至再结晶温度以下的压力加工过程。某些金属在室温下很脆,较难承受塑性加工,若变形前将其加热到相对高一些的变形温度,即可很好地承受加工。这时金属变形时除产生硬化外,还可产生部分回复,明显减小变形抗力,并提高塑性,温加工多是为了降低金属的变形抗力和改善金属的塑性所采用的加工方式。

随着科学技术的进步,有色金属的压力加工得到了迅速的发展。当前在国防、机械、能源交通、化工、轻纺、电子等行业中,有色金属加工材的需要量日益增长,新的加工方法不断出现,产品质量不断得到提高。为了适应压力加工技术发展的需要,每个从事这方面工作的人员,除了应具备有关的基础文化知识和实际操作技能外,还必须掌握金属压力加工的专业理论基础。有色金属压力加工过程都是在一定的变形力学条件(应力状态和变形状态)和工艺条件(变形温度、变形速度、变形程度)下进行的。随着这些条件的不同,金属加工材的组织性能等也各不相同。所以说,有色金属压力加工原理是每一个从事有色金属压力加工的人员必须掌握的专业理论基础知识。

通过本课程的学习,要求每个人都能掌握有色金属在压力加工时的基础理论和基本规律,应用这些理论和规律分析生产中所出现的各种现象和问题,积极采取措施,达到用最少的消耗生产出最优质的产品。

1　应力与变形

金属塑性变形都是在一定的变形力学条件下和一定的变形工艺条件下进行的，即金属的塑性变形是在一定的应力状态、变形状态和一定的变形温度、变形速度、变形程度等条件下完成的。为了使金属产生塑性变形，首先必须对其施加一定的外力，在外力的作用下，原来处于稳定、平衡状态的金属原子，被迫偏离其稳定平衡位置，于是原子间距发生了变化，引起了金属宏观尺寸的变化。原子被迫偏离平衡位置的状态，我们就称为金属处于应力状态。处于应力状态下的金属，首先产生弹性变形，当外力继续增加，达到一定值时，使大量的原子多次地从一个平衡位置转移到另一个平衡位置，这时在宏观上就产生了永久变形，也就是塑性变形。

1.1　力和应力

1.1.1　外力

在压力加工过程中，作用在金属表面上的力，叫做外力。

根据分析归纳可知，金属在压力加工时的外力有：

(1)作用力或称主动力：它是使金属产生塑性变形的主动力。一般情况下，作用力是由机械作用产生的。如在锻造时，锤头下落打在金属试件上的力；轧制时，旋转的轧辊作用在金属工件上的力；挤压轴施加给金属工件的压力；拉伸时，钳口给金属工件的拉力等。

(2)反作用力：它是工具阻碍变形金属在某个方向上运动而产生的力。反作用力方向总是垂直于工具的工作表面，作用在金属工件上。

(3)摩擦力：在压力加工过程中，变形金属与工具接触的表面之间阻碍变形金属质点流动的力称为摩擦力。摩擦力总是阻碍金属与工具的相对运动，方向沿工具与金属接触表面的切线方向，而与金属流动的方向相反。摩擦力一方面有着增加变形能耗及工具磨损的作用，并使金属变形不均匀；同时另一方面也有促使变形过程建立并使之稳定的作用。例如在锻造时，摩擦力明显地阻碍金属工件与锤头和平台接触表面金属质点的移动，使得金属工件整体变形不均匀，若摩擦力过大，还会出现单鼓形或双鼓形。但在轧制时，必须依靠轧辊与轧件相互接触表面之间的摩擦力使轧件顺利地咬入，从而建立起稳定的轧制过程。

下面分析一下常用压力加工方法的受力，这里指出，在压力加工过程中金属所受的力，除外力，还有作用在整个工件体积上的体积力，如重力、惯性力等，由于重力、惯性力比外力小得多，在实际工程计算中，通常可以忽略。

在镦粗试件时，若将圆柱体试件放在一个坚实的平台上，通过平板锤头对圆柱体试件施加一个主动力 P，这时平台就会产生一个大小与主动力 P 相等，方向与 P 相反的力 N。此外，在锤头的作用下，圆柱体试件与工具相互接触的上、下表面的金属质点产生横向移动时，就受到了工具表面的阻碍作用，产生摩擦力 T，它的方向和接触表面平行，与金属质点方向相反。如图 1-1 所示。

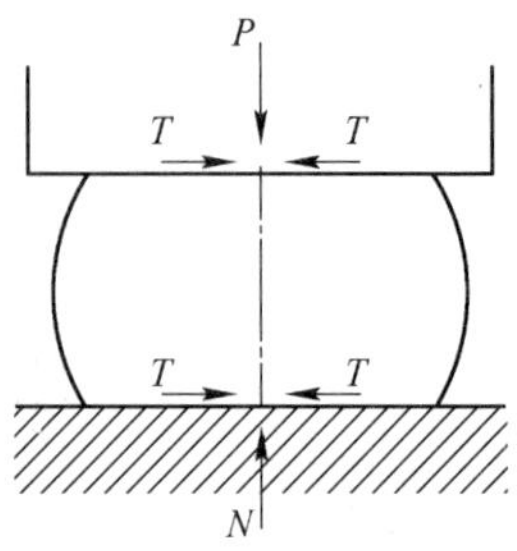

图 1-1　镦粗时的受力图

金属工件的自重忽略不计,这时存在:

$$N = P$$

力 N 作用在圆柱试件的下表面,起阻碍试件整体向下移动的作用,它的作用方向是沿工具和工作接触面法线方向,指向试件。力 N 被称做反作用力或约束反力。

当主动力 P 达到一定值后,圆柱体试件高度减小、横截面积增大。这时,圆柱体试件与工具相互接触的上、下表面的金属质点产生横向移动时,就受到了工具表面的阻碍作用。试件与工具接触表面产生相对滑动时,可认为遵循库仑摩擦定律,即

$$T = \mu N$$

式中 T——摩擦力;

μ——摩擦系数;

N——正压力。

图 1-2 表示了金属在挤压变形时的受力情况。P 是挤压轴对金属施加的变形力,T 是与工具相互接触的金属质点流动时产生的摩擦力,N 是反作用力。图 1-3 表示了金属在轧制变形时的受力情况,其中 P 是轧辊给的正压力,T 为摩擦力。图 1-4 表示了金属在拉伸变形时的受力情况,其中 P 是拉伸机钳口给工件的拉力,N 是反作用力,T 为摩擦力。

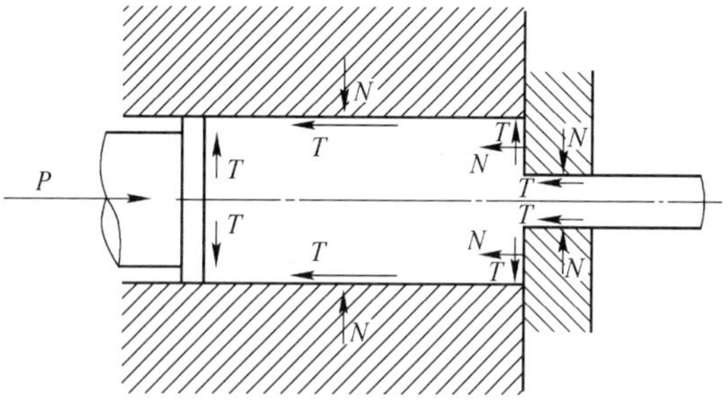

图 1-2 金属在挤压时的受力图

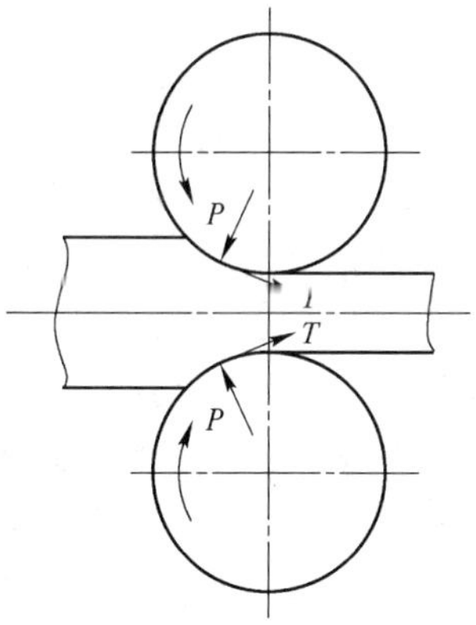

图 1-3 金属在轧制时的受力图

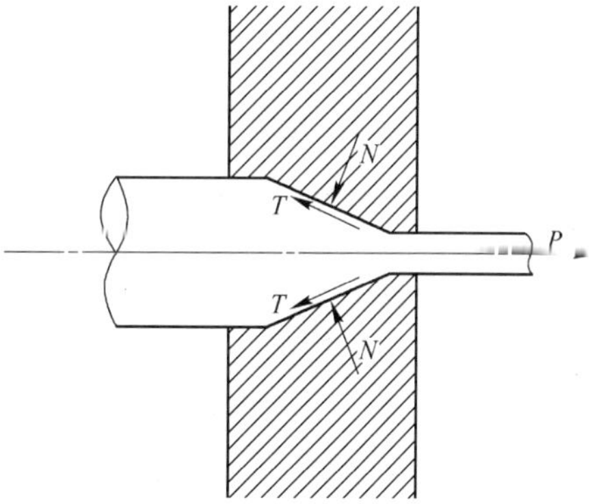

图 1-4 金属在拉伸时的受力图

1.1.2 内力

在外力的作用下,在变形体内原子原有的平衡关系发生破坏,产生内力,在内力出现的同时,原子间距发生了改变,而产生变形。为了平衡外力的作用,在变形金属的内部产生的与外力相平衡的力,叫做内力。内力的产生可由下面两个方面引起:

一是为平衡外力的机械作用将产生内力,这是第一种内力。金属试件在没有受到外力作用时,其原子间距为平衡间距 r_0,原子处于能量最低的稳定平衡位置,其内力为零。当所加的外力使原子间距偏离平衡位置,小于或大于 r_0 时,原子间就产生排斥的内力或吸引的内力与外力平

衡。在哪个方向有外力存在,在哪个方向就有与其相平衡的内力产生。

二是由于金属工件各部分变形的大小不同,而金属的完整性使金属内部产生阻碍这种不均匀变形的相互平衡的内力,称为第二种内力。如一块金属在不均匀的加热时,右半边加热温度比左半边的升高得快,则由于热膨胀的结果右半边板坯的长度将比左半边的增加得快,但金属是一个整体,右边的延伸就要受到左边的限制,承受到了来自左边的压缩内力。同样,左边被迫延伸,而承受拉伸内力。这两个内力自相平衡的存在于这块金属整体内。同理,在轧制板材时,如果一部分的延伸比另一部分变形大,也将在板材内部出现两部分自相平衡的内力。可见,由于不均匀的冷却、不均匀再结晶以及由其他任何原因产生的不均匀变形等,都将引起自相平衡的内力。

总之,无论是外力的机械作用,还是因为物体的整体性使物体不均匀变形受到限制时,都会使金属原子偏离其平衡位置,所以内力产生的实质就是由于原子被迫偏离其平衡位置,原子间距改变的结果。

1.1.3　应力

在物体内,单位面积上的内力就叫做应力,即应力是内力的强度。在数值上等于一个无限小的面积上内力与该面积比值的极限,即

$$\sigma = \lim_{\Delta s \to o} \frac{\Delta P}{\Delta S} \tag{1-1}$$

式中　ΔP ——在该微小面积上内力总和,N;

　　ΔS ——微小的面积,m^2。

实际上,大多数情况下金属在塑性变形时内力的分布是不均匀的。因此,通常用平均应力来表示变形区内金属的应力值,平均应力等于在某个截面积上的内力和该面积的比值,即

$$\sigma = \frac{P}{S} \tag{1-2}$$

式中　P ——内力总和,N;

　　S ——内力作用的总面积,m^2。

前面已经讲过了内力有平衡外力的第一种内力和在金属内部自相平衡的第二种内力,所以应力相对应也有两种。

在变形过程中,由外力引起的与外力相平衡的应力,叫做基本应力。基本应力的作用是使金属物体处于应力状态并使金属产生塑性变形。其特点是当外力除去后,基本应力也随之消失。

在变形过程中,由于变形发展的不均匀,而金属的整体性又限制了这种不均匀变形的自由发展,从而在物体内部产生的自相平衡的应力,叫做副应力。

副应力有三种,由于变形发展的不均匀,而物体的完整性又限制这种不均匀变形的自由发展,发生在物体内大部分体积之间相互平衡起来的副应力,称为第一类副应力;由于物体内部性能不均匀,在物体内一群晶粒与另一群晶粒之间,这个相与另一相之间出现的副应力,称为第二类副应力;在一个晶粒内部,由于周围晶粒的影响,出现变形不均匀的情况,这时出现了在晶粒内部彼此平衡起来的副应力,称为第三类副应力。

因为副应力是由于变形不均匀所形成的,所以副应力有以下特点:

(1)由变形不均匀所引起并有限制不均匀变形自由发展的作用。

(2)在变形物体内部自相平衡起来,只要变形的不均匀状态存在,它就始终存在。变形过程完成后或除去引起变形的外力后,它不会消失仍然残留在变形物体内,形成残余应力。

(3)因为是彼此平衡的,所以其分布状态必然是有一拉就有一压,两者在量上是相等的。

金属的塑性变形总是不均匀的，故可认为，任何塑性变形的物体内，在变形的过程中皆有自相平衡的副应力。

1.1.4　变形区和刚端

金属在压力加工过程中，由于加工方法不同，金属的塑性变形发生和发展情况也是各不相同的。镦粗时，只有位于锤头之间部位的金属在锻锤冲力作用下产生塑性变形，在轧制时，只有位于辊缝之间的金属在轧辊的压力作用下，发生塑性变形；挤压时，由于金属处于封闭的挤压筒中，在挤压轴施加的外力作用下，金属开始产生塑性变形……金属在外力作用下正在发生塑性变形的那部分区域，我们称为变形区。从几何图形来看，变形区就是金属与工具相接触的表面所包围的那部分体积。如在平辊轧制时，其变形区是由上下两个轧辊与变形金属相接触的弧状表面所围定的那部分体积，即图1-5中由*AB*及*CD*限定的那部分体积。在拉伸时，金属与模孔接触那部分体积，构成了变形区。实际变形区，已经超出了上述范围，如轧制时，金属进入*AB*之前已经开始了塑性变形，塑性变形终止也超过了*CD*线，所以上述的变形区，又称为几何变形区。实际变形区应理解为金属坯料上某部分体积，而不应受简单图形的直观限制。

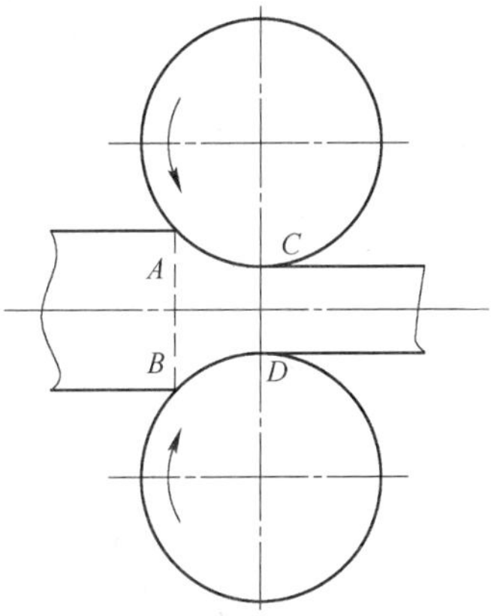

图1-5　轧制时的几何变形区

金属变形区前后，某些场合也包括变形区的左右与变形区紧密相连的那些体积，有的尚未参加变形，有的已经变形完毕，这些部分统称为刚端（外端）。由于许多金属压力加工过程是连续进行的，被变形的金属又是一个完整的整体，所以变形区内外的金属体积都是相互联系的，即刚端对变形区内金属质点流动是有影响的。今后研究金属塑性变形的规律和现象时，一定要注意它们之间的相互作用，而不应脱离它们之间的联系来分析发生在整个变形过程中的有关现象。

1.2　点应力状态的描述

我们在分析平辊轧制、挤压、拉伸等压力加工过程中变形区内的应力状态时，是从整个变形区出发的。所谓物体处于应力状态就是物体内的原子被迫偏离其平衡位置的状态，为了明确变形区内金属的应力状态，必须首先清楚变形区内任意一点的应力状态；只有知道了变形区内任意一点的应力状态，才能进而推知整个变形区内金属的应力状态情况。

1.2.1　点应力状态的描述

所谓点应力状态，是指变形区内某点附近的应力情况。点应力状态如何描述呢？

我们在变形区内某点附近取出一个微小的单元六面体，将它放入直角坐标系中，假如在它的每一个面上都作用着一个全应力，就可以把全应力按照坐标轴的方向进行分解，每个全应力都可以分解成为一个法线应力和两个切线应力。由于单元体很小从而甚至可以视为小至一点，所以两个对称面上的应力是相等的，我们只需要画出三个可以看得见的面上的应力即可表示出这个六面体上的应力状态。

每个面上的全应力都可以分解成为垂直于该面的一个法线应力和两个平行于该面的切线应力。σ表示法线应力，τ表示切线应力，我们把垂直于x轴、y轴、z轴的坐标面yoz、xoz、xoy分别称为x面、y面、z面，这些面上的法线应力分别为σ_x、σ_y、σ_z，如图1-6所示。切线应力τ第一个下角标表示切应力所在的面，第二个下角标表示切应力所处的方向。如在 x 面上的全应力可以分解成为垂直于该面的一个法线应力 σ_x 和两个平行于该面的切线应力τ_{xy}和τ_{xz}，同理，在 y 面上的全应力可以分解成为垂直于该面的一个法线应力 σ_y 和两个平行于该面的切线应力τ_{yx}和τ_{yz}，在 z 面上的全应力可以分解成为垂直于该面的一个法线应力 σ_z 和两个平行于该面的切线应力τ_{zx}和τ_{zy}。

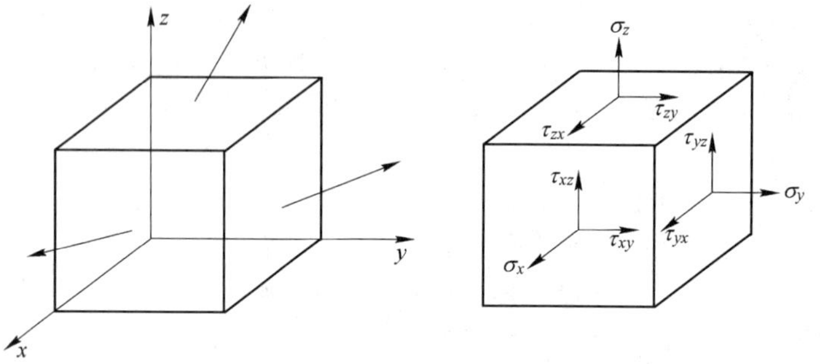

图 1-6　点应力状态描述

为了今后应用方便，一般对应力的正、负做如下规定，当法线应力的方向与其所作用的平面的外法线方向一致（即由单元体指向外）时，该法线应力为正（+），当法线应力的方向与其所作用的平面的外法线方向相反（即由外指向单元体）时，该法线应力为负（-）。当切应力所在的平面的外法线方向与所选取坐标轴正方向一致，并且切应力本身所指方向又与其平行的坐标轴正方向一致时，这个切应力为正（+），如果其中有一个方向相反，这个切应力为负（-）；若两个方向都相反时，这个切应力也为正（+）。

可见，任意点的应力状态完全可以由三个法线应力 σ_x、σ_y、σ_z 和六个切线应力τ_{xy}、τ_{xz}、τ_{yx}、τ_{yz}、τ_{zx}、τ_{zy}表示，如图 1-6 所示，也可用下列应力状态张量来描述，即

$$\sigma_{ij}=\begin{pmatrix}\sigma_x & \tau_{yx} & \tau_{zx}\\ \tau_{xy} & \sigma_y & \tau_{zy}\\ \tau_{xz} & \tau_{yz} & \sigma_z\end{pmatrix}$$

当小单元体没有转动时，存在$\tau_{xy}=\tau_{yx}$，$\tau_{xz}=\tau_{zx}$，$\tau_{yz}=\tau_{zy}$，这样任意某点应力状态可以用六个应力分量表示为

$$\sigma_{ij}=\begin{pmatrix}\sigma_x & \tau_{yx} & \tau_{zx}\\ \bullet & \sigma_y & \tau_{zy}\\ \bullet & \bullet & \sigma_z\end{pmatrix}$$

例如：某点应力状态各分量为 $\sigma_x=10$ MPa，$\sigma_y=-10$ MPa，$\sigma_z=0$，$\tau_{xy}=5$ MPa，$\tau_{yz}=-5$ MPa，$\tau_{xz}=0$，则此应力状态如图 1-7 所示。

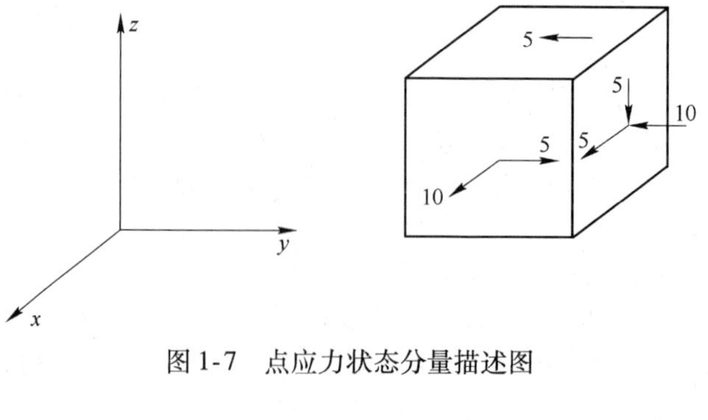

图 1-7　点应力状态分量描述图

可见，变形区内任意一点的应力状态，只需要六个应力分量（三个法线应力 σ_x、σ_y、σ_z，三个切线应力 τ_{xy}、τ_{xz}、τ_{yz}）即可表示出点应力状态。

1.2.2　主应力、主切应力

金属在实际变形过程中，存在着这样的应力状态，即在变形区某点的单元六面体上只作用着法线应力，而没有切线应力，我们把这样的应力状态称之为主应力状态。主应力状态下的法线应力叫做主应力，用 σ_1、σ_2、σ_3 来表示主应力，并且规定 $\sigma_1 > \sigma_2 > \sigma_3$，作用着主应力的平面叫做主平面。

为了简化工程计算和定性说明变形物体受力后引起的某些后果，常常把压力加工过程变形的主要方向，即长、宽、高方向认为和直角坐标系中的三个坐标轴平行，而与长、宽、高垂直的截面看成是主平面，其上作用的法线应力认为是主应力。

与主平面成45°角的平面上的切应力称为主切应力，这些平面叫做主切平面。在变形区内通过一点有十二个这样的平面，它通过一轴而与另外两轴相交成45°，在这种平面上切应力数值达到最大（见图1-8）。主切应力的数值为 τ_{12}、τ_{23}、τ_{13}，分别表示由于是 σ_1 和 σ_2、σ_2 和 σ_3、σ_3 和 σ_1 的作用而在与主平面成45°角的平面上所引起的主切应力。

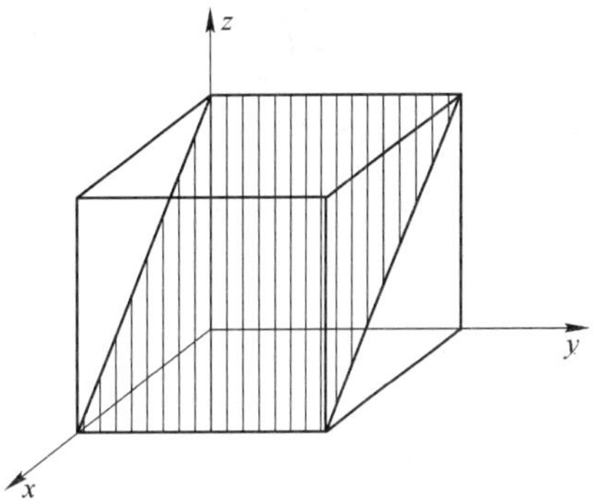

图1-8　主切平面的方位

$$\tau_{12} = \pm\frac{\sigma_1 - \sigma_2}{2};\tau_{23} = \pm\frac{\sigma_2 - \sigma_3}{2};\tau_{13} = \pm\frac{\sigma_1 - \sigma_3}{2}; \tag{1-3}$$

根据规定，因为 σ_1 的代数值最大，σ_3 的代数值最小，所以在主切应力中 τ_{13} 的值最大，我们称 τ_{13} 为最大主切应力。它等于最大主应力和最小主应力差值的一半。

$$\tau_{\max} = \tau_{13} = \frac{\sigma_1 - \sigma_3}{2} \tag{1-4}$$

从金属压力加工的观点来说，主切平面即相当于体心立方晶格中的滑移面，在截面上切应力达到某一极限时，可使金属沿截面产生滑移。研究主切平面主切应力的极值，对于阐明塑性变形时力学条件极其重要，今后将在金属塑性变形条件下继续讨论。

1.2.3　主应力状态图

为了定性地说明变形体内某点处的应力状态，常采用主应力状态图。主应力状态图可以简单而又清晰地表示出金属在变形时所承受的应力状态。它是在金属塑性变形理论和实践中分析具体问题时最常用的工具之一。我们把表明变形金属某点的三个主应力是否存在、以及主应力方向的图形，叫做主应力状态图。

结合各种压力加工方法来分析金属在塑性变形过程中所能有的应力状态图共有九种（见图1-9）。其中线应力状态有两种，即一个为拉应力，另一个为压应力；平面应力状态有三种，即一个为二向压应力，一个为二向拉应力，另一个为一向拉应力和一向压应力；体应力状态有四种，即一个为三向压应力，一个为两向压应力一向拉应力，一个为两向拉应力一向压应力，另一个为三向拉应力。

上述九种主应力状态图中，在金属压力加工生产中，出现最多的情况是体应力状态。几种主要压力加工过程的应力图示如下：镦粗是三向压应力图示，轧制和挤压也是三向压应力图示，拉伸是一向拉应力两向压应力图示。

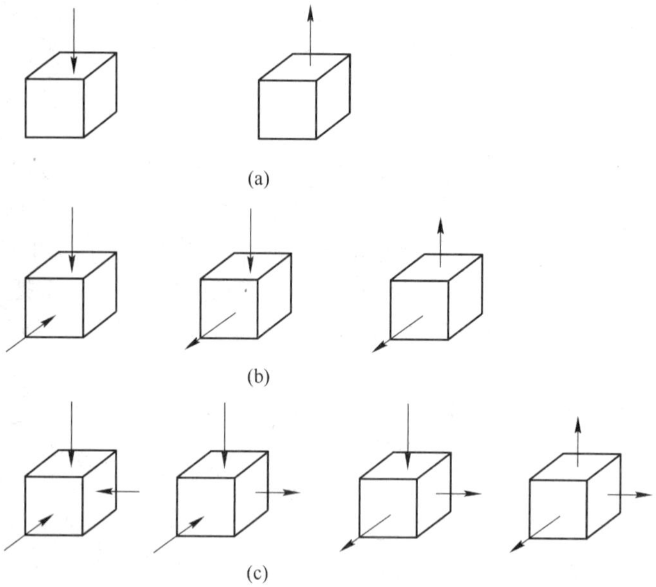

图 1-9　主应力状态图

(a)线应力状态;(b)平面应力状态;(c)体应力状态

镦粗时,变形区内的基本应力状态是三向压应力。金属在锤头的作用下,高向上受到压缩即产生高向上的压应力,金属高向上受到压缩就要向纵向延伸和宽向宽展,当金属质点发生流动时,金属与工具产生了相对运动,对流动的金属产生摩擦阻力,阻碍金属质点的流动,产生其他另外两个方向的压应力。平辊轧制板材时,变形区内的基本应力状态是三向压应力。因为轧件在辊缝中首先受到上下两个轧辊施加的压力,即产生高向上的压应力。金属高向上受到压缩就要向纵向延伸和宽向宽展,当金属质点发生流动时,金属与轧辊之间产生了相对运动,轧辊对流动的金属产生摩擦阻力,阻碍金属质点的宽向流动,这样在宽度方向上金属受到摩擦阻力,即产生了宽向上的压应力。金属在纵向上的延伸,由于受到轧辊对金属运动产生的摩擦阻力,在纵向上金属也受到了压应力的作用。

影响应力状态的因素很多,如外摩擦、工具和工件的形状、不均匀变形、残余应力等,这些因素单独地或共同地起作用,所以在变形体内往往不是单一的应力状态,并且随变形的进行也常常发生转变。如,简单拉伸金属棒时,在均匀变形阶段是单向拉应力,当拉伸到出现细颈后,在细颈部分就变成三向拉应力。

体应力状态图中,应力符号相同的称为同号图,如三向压应力和三向拉应力,而应力符号不同的称为异号图,如二向压应力一向拉应力或二向拉应力一向压应力。在同号图中,若三向基本应力都是压应力,且三个主应力相等,即相当于三向均匀压缩。如果变形金属内部不存在着空隙、疏松和其他缺陷,从理论上讲,金属是没有产生塑性变形可能的。但金属的内部组织一点缺陷都没有是不存在,所以三向均匀压缩可以迫使金属内部组织致密,特别是在高温下,借助原子的扩散作用,可以使金属内部的缺陷焊合,有利于提高金属的塑性,这三向相等的压应力称为静水压力。

挤压时的静水压力值较大,有利于金属的塑性变形,所以许多塑性较低的金属及合金,如用其他方法无法加工,则多可用挤压法来生产出加工材。与此相反,在体应力状态图中的三向拉应力状态,无论是三个拉伸应力彼此相等或者不等,都不可能产生塑性变形。这是因为金属受到三向拉伸应力的作用时,产生了微小的弹性变形后,即开始脆性断裂,塑性很好的铅和铜也不例外。

体应力状态中的两向压应力一向拉应力状态图和两向拉应力一向压应力状态图，无论三个应力数值相等或不相等，都可以产生塑性变形。棒材、线材及型材通过孔模拉伸，带张力的平辊轧制，在斜辊间的斜轧穿孔等等，都是在两向压缩应力一向拉伸应力状态下完成的。两向拉伸应力一向压缩应力的状态图比较少见，只有锻造中的开口冲孔是在这种应力状态下完成的实例。

综合上述可见体应力状态中拉伸应力越少，对于发展塑性变形越有利，其实用价值越大。因而压力加工中最好的应力状态是三向压应力状态。

主应力状态图是金属压力加工原理中用来分析金属受力情况，以及因此而产生的一些后果时的常用工具之一，以后将经常利用它来解释一些具体问题。但应指出：金属塑性变形中，变形区内的应力是连续不断变化着的，是压力加工过程中最积极、最活泼的因素之一。因此在加工中，随变形过程中的其他条件及变形过程的发展，其应力状态也会发生变化。

1.3　变形状态和变形力学简图

1.3.1　塑性变形过程

在金属压力加工生产中，都是利用金属材料的塑性，施加一定的外力，使其产生塑性变形的。为了认识金属塑性变形的全过程，我们先从简单的静力拉伸试验来初步认识金属塑性变形的共性问题。

在拉伸试验机上对金属试样进行静力拉伸，可得出相应的应力-应变曲线，如图 1-10 所示。

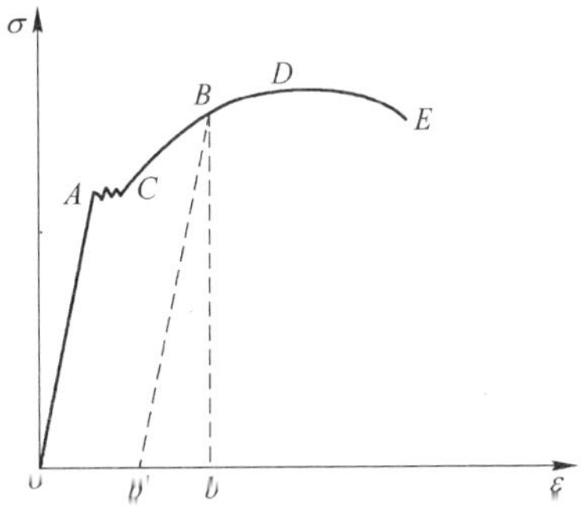

图 1-10　应力-应变曲线

由静力拉伸试验所得到的应力-应变曲线，可以把变形划为如下几个阶段：

(1) 弹性变形阶段：从 o 开始至 A 点，属于弹性变形阶段，即外力作用时，使金属发生变形，当外力去除时，变形随即消失。从图中看，当金属试件受力开始变形，应变达到 A 点以前，若停止实验，取消负荷，则试件就恢复到原来的形状和尺寸。在此阶段应力与变形呈线性关系，而且是可逆的。从微观来看是：受力时晶格尺寸发生了改变，使原子偏离了原来的稳定平衡位置，处于不稳定状态，但此时所发生的原子间距变化的大小没有超出原子间力所能维系的程度，去除外力后，在原子间力的作用下，原子回到原来的平衡位置，变形也就消失。

(2) 塑性变形阶段：曲线上的 AE 段是塑性变形阶段，即外力作用时，使金属发生变形，当外力去除时，变形完全保留下来，这种不能复原的永久变形就是塑性变形。此时应力与变形呈非线性的关系，而且当除去外力后，试件所获得的变形是不消失的，即试件变形后得到与原来形状和尺寸不相同的最终状态。金属的塑性变形过程从微观来看是：当试件所受力超过 A 点所确定的大小以后，内部晶格受应力状态的影响所改变的原子间距已超过原子间力所能维系的大小，迫使晶体内的原子从一个平衡位置转移到了另一个平衡位置，因而产生了变形，由于变形的结果是迫使原子远远地离开了原来位置，所以当去除外力后，原子只能在新的位置上回复到平衡状态，所产生的变形就是不能恢复的塑性变形，反映到整个试件上，也就是发生了明显的形状和尺寸的不可逆变化。

(3) 断裂点：曲线上的 E 点，即当试样受力变形而达到了 E 点时，发生试样整体性的破坏，表示试样的变形过程至此完毕。试样最终发生整体性的破坏，是来源于金属内部因变形所出现的显微裂纹的发生、发展与聚合的结果。当裂纹的彼此聚合，或某些裂纹的不断扩张所达到的程度已大大超出了晶粒彼此之间相互联系力所能维持的距离时，即发生整体性破坏，而宣告变形过程的终结。

1.3.2　金属的断裂

随着金属材料的不同，加工时的温度、应力状态和加载速度的不同，金属与合金的断裂可表现出多种类型。根据断裂前发生塑性变形的情况不同，大体上可分为两类：

(1)脆性断裂：从宏观特征来看，金属在断裂前不产生、或产生极微小的塑性变形，即试样所受应力达到该材料的屈服极限以前就开始破坏。这时，试样断口平齐，断口可以看到解理面，或断口呈颗粒状，从微观角度来看，晶体被分开成两部分是由于垂直于原子结合面产生撕裂过程积累的结果(见图 1-11a)。

(2)韧性断裂：从宏观特征来看，金属在断裂之前已产生较大的或明显的塑性变形，其断口呈纤维状、发暗，在断口平面上可以看到滑移的痕迹。从微观角度来看，晶体被分开成两部分是由于沿着一定的结晶学平面产生相对移动变形过程积累的结果(见图 1-11b)。

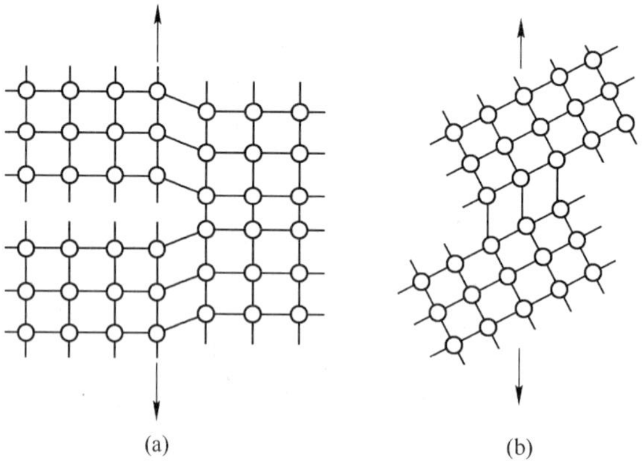

图 1-11　微观断裂形式
(a)脆性断裂；(b)韧性断裂

某些金属材料使用时的突然破坏就属于脆性断裂，这是一种危险的突然事故；而韧性断裂因为金属在断裂之前已产生明显的塑性变形，将预先警告人们引起注意，所以其危险性不像脆性断裂那样大。加工过程，塑性较好的金属受力后断裂是韧性断裂，许多金属材料的断裂多为混合形式，在脆性断裂中或多或少地包含有韧性断裂成分，而韧性断裂中也不可避免地要产生一些脆性断裂部分。

金属在塑性变形过程中所产生的断裂过程，可理解为由三个步骤组成：显微裂纹的产生、裂纹的扩展和裂纹的聚合、宏观性的破坏。单向拉伸试验时金属试样所产生的韧性断裂，可以用图 1-12 所表示的情况来形象地描述。试样拉细时，由于加工硬化而使试样的变形抗力不断增加，当抗力达到一定数值时，就在试样长度的某处产生细颈。细颈出现后(见图 1-12a)，一方面它承受的是三向拉伸的应力状态，另一方面该处断面面积又比其他部分小，所以以后的变形就集中于细颈部分了。在三向拉伸应力的作用下，在该部分开始形成许多微小裂口(见图 1-12b)，继续变形时，它们不断增长并逐渐聚合成一个中心裂纹(见图 1-12c、d)，此裂纹沿着与垂直于拉伸轴的方向扩展，当靠近试件表面时又转到与拉伸轴成 45°角方向传播，最后形成杯锥状断口的锥面部分(见图1-12e)。从断口端面看,呈灰色,如一根根直立的纤维,故又称为纤维状断口,它是常见的韧性断口。

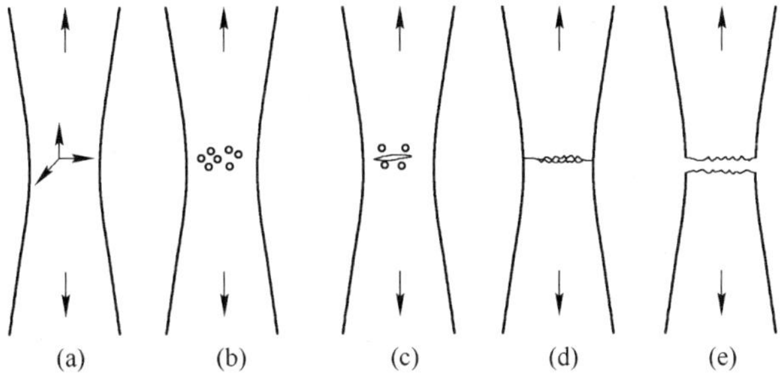

图1-12　微观断裂过程

综上所述可知:物体的塑性变形过程包括弹性变形、塑性变形和断裂,三者依次发生且紧密连接,互为依存。虽然金属压力加工主要是研究金属塑性变形,但探讨塑性变形发生情况时,是不能脱离弹性变形的,因为只有在弹性变形的基础上才能发生与发展塑性变形。另外,金属的断裂是金属塑性变形发展到一定程度后的必然结果,而断裂的发生又是塑性变形中最忌讳、而且必须防止的;而断裂的来源又产生于塑性变形过程本身之中,是塑性变形所引起的缺陷发展与聚合,所以研究断裂的形成与发展的原因,探讨减少或根除断裂的措施,以求达到尽可能大的塑性变形而无断裂的发生,则又是研究金属塑性变形过程时重要的课题之一。

1.3.3　金属变形状态

如果单元六面体上作用着一个全应力,那么就可将全应力分解成为法向应力和切向应力。法向应力作用的结果使单元六面体的各垂直棱边增长或缩短即产生线变形,而切应力则使单元六面体各垂棱边角度产生偏离即产生角变形。物体镦粗变形的结果,正是这种应力联合作用的原因所造成。在主应力的作用下,单元六面体只会产生垂直棱边的增长或缩短的变形,而不会产生角度的偏距,这种与主轴方向平行的变形称为主变形。主变形用 ε 来表示。因为主坐标轴有三个,所以主变形也有高度、宽度和长度三个方向,分别用 ε_1、ε_2 和 ε_3 表示。

为了定性地说明变形区某一小部分或整个变形区的变形情况,常常采用主变形状态图(简称主变形图)。所谓主变形图就是在单元六面体上用箭头表示三个主变形是否存在,但不表示变形大小的图示(见图1-13)。如果变形时是伸长,则箭头向外;变形时是缩短,箭头向里。

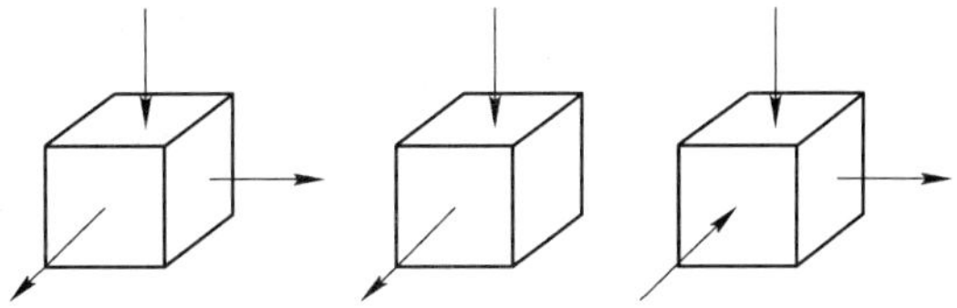

图1-13　主变形图

变形区大部分都呈某种主变形图时,则此种主变形图就代表整个变形区在压力加工过程中的变形图示。由于在压力加工时,金属的体积变化很微小,与变形金属的整体相比可以忽略不计,主变形图只能有图1-13所示的三种情况:

第一种情况是一向压缩二向延伸,如在自由锻造和有宽展轧制时的变形就是这种情况。

第二种情况是一向压缩一向延伸,这种情况也称为平面变形。如宽板轧制时,由于横向阻力很大,宽向变形极微小,可以忽略不计,其变形就属于这种情况。

第三种情况是二向压缩一向延伸,拉伸和挤压时的变形状态就属于这种情况。

1.3.4　变形力学图示

表示金属压力加工过程中变形区内金属所处的应力状态和塑性变形发生情况的图示,称为变形力学图示,也称为变形力学简图。简单来说就是主应力状态图和主变形状态图的组合,变形力学图示给出了金属在压力加工时,某主轴方向上有无主应力和主变形,以及主应力和主变形方向的图形概念,因此可以利用它来分析具体的金属压力加工过程中的应力及变形情况。

虽然可能有的主应力状态图有九种,但由于受变形时体积不变条件的限制,主变形状态图只有三种。常用压力加工方法的变形力学简图如下:自由锻造的主应力图示为三向压应力,主变形图示则为一向压缩二向延伸;轧制的主应力图示为三向压应力,有宽展时的主变形图示为一向压缩二向延伸,无宽展时的主变形图示为一向压缩一向延伸;拉伸过程主应力图示为两向压应力一向拉应力,主变形图示为二向压缩一向延伸;挤压过程主应力图示为三向压应力,主变形图示为二向压缩一向延伸;简单拉伸时主应力图示为一向拉应力,主变形图示为二向压缩一向延伸,如图 1-14 所示。

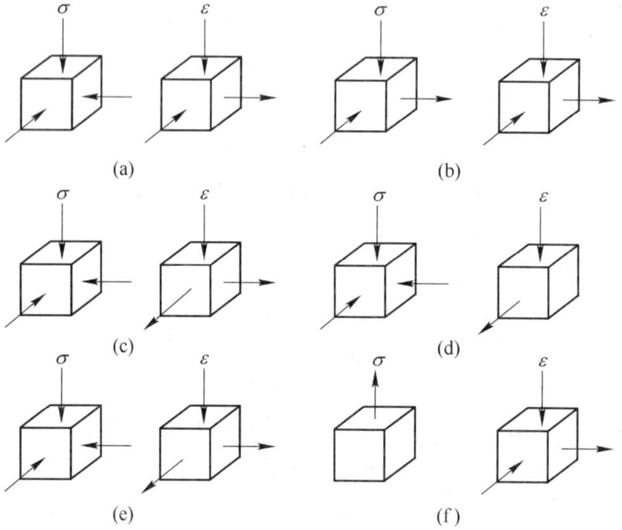

图 1-14　变形力学简图

(a)挤压;(b)拉伸;(c)轧制(有宽展);(d)轧制(无宽展);(e)锻造;(f)简单拉伸

变形力学图示是金属压力加工中经常用到的分析金属塑性变形情况的一种工具。研究变形力学图示可以区别各种压力加工方法并判断该方法的优劣。例如,平辊轧制和挤压时,主应力状态均为三向压应力,但轧制时(有宽展)的主变形图示为二向延伸一向压缩,而挤压时的主变形图示为二向压缩一向延伸、所以利用变形力学图示很容易将两者区分开来,至于哪种压力加工方法更具有优越性,要进行具体分析。从有利于最大限度的发挥金属的塑性来看,挤压优于轧制法,因为二向压缩一向延伸的变形与二向延伸一向压缩的变形相比,可以减小金属内部缺陷给变形所造成的危害。另外,挤压时的静水压力强度也比轧制时大,对于一些低塑性的金属及合金,采用挤压法较容易进行压力加工。

1.4　变形程度计算

在实际生产中,变形程度的大小对金属性能有显著影响,所以正确地表示主变形方向的变形程度有重要意义。计算金属的变形程度有两种方法:即用绝对变形量和用相对变形量来表示变形程度。下面以平行六面体为例说明各方向的变形，变形前后工件的高、宽、长的尺寸分别用大写字母 H、B、L 及小写字母 h、b、l 来表示，如图 1-15 所示。

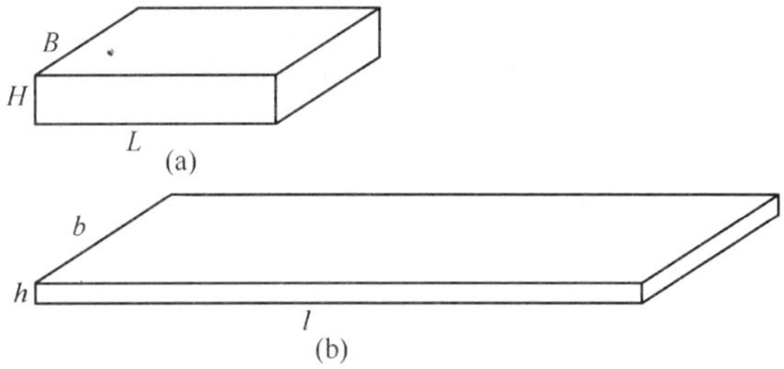

图 1-15　平行六面体变形前后的尺寸

(a)变形前；(b)变形后

1.4.1　绝对变形量

绝对变形量大小用金属塑性变形前后某主轴方向上尺寸变化的绝对变化值来表示。

高向：压下量　　$\Delta h = H - h$　　(1-5a)

宽向：宽展量　　$\Delta b = b - B$　　(1-5b)

纵向：伸长量　　$\Delta l = l - L$　　(1-5c)

式中　H、B、L——轧制前试件的高度、宽度和长度，mm；

h、b、l——轧制后试件的高度、宽度和长度，mm。

绝对变形量的表示方法较直观，但不能确切地表示变形程度，仅能表示金属工件变形前后外形尺寸的变化，所以，实际生产中多采用计算变形程度的第二种方法，即用相对变形量来表示变形程度。

1.4.2　相对变形量

相对变形量通常有两种表示方法：一般相对变形和真实相对变形（简称真变形）。

1.4.2.1　一般相对变形

一般相对变形是用绝对变形量与工件变形前尺寸之比来表示。长、宽、高三个方向的相对变形程度分别用 ε、β、A 表示，即

压下率　　$$\varepsilon = \frac{H-h}{H} \times 100\% \tag{1-6a}$$

宽展率　　$$\beta = \frac{b-B}{B} \times 100\% \tag{1-6b}$$

伸长率　　$$A = \frac{l-L}{L} \times 100\% \tag{1-6c}$$

式中　H、B、L——轧制前试件的高度、宽度和长度，mm；

h、b、l——轧制后试件的高度、宽度和长度，mm。

用相对变形量来表示变形程度较用绝对变形量来表示变形程度就有可比性了，但它只表达了瞬间的状态而忽略了金属塑性变形过程是一个连续的过程这一事实，它只是用绝对变形量与变形之前或变形终了的尺寸之比来表示相对变形程度的，没有体现变形的连续过程，因此，也不能准确地表示出变形过程。

1.4.2.2　真实相对变形

在实际变形过程中，各尺寸的变化是经过无穷多个中间数值变化而成的，则终了变形程度可以看作是各阶段相对变形的总和，因而只有用金属在变形过程中每一瞬间尺寸的变化值与该瞬间尺寸的真实值之比的总和，来表示金属在压力加工过程中的相对变形量的方法，才能真实地反映变形程度的情况。这种表示方法就是真实相对变形(真变形)。其数学表达式为

$$\varepsilon_1 = \ln \frac{h}{H} \tag{1-7a}$$

$$\varepsilon_2 = \ln \frac{b}{B} \tag{1-7b}$$

$$\varepsilon_3 = \ln \frac{l}{L} \tag{1-7c}$$

用对数形式表示的相对变形程度计算式，真实地反映了整个变形过程中许多无穷小变形之和，因此，它具有叠加性，即总变形程度等于各道次变形程度之和。虽然用真变形计算相对变形程度，真实地反映了变形过程的连续性，使相对变形程度的计算结果很准确，但是由于计算繁杂，所以生产现场很少应用。

1.4.3　实际生产中变形程度的计算

一般来说，金属在压力加工过程中，坯料的尺寸在三个方向上都有变化，但在计算变形程度时，则以尺寸变化最大的方向来计算变形程度。实际生产中，在轧制等压缩变形中，用高度方向上的一般相对变形量来计算变形程度，也被称为加工率(或压缩率)，用 ε 表示。在挤压、拉伸等延伸变形中，多用长度方向上的相对变形量来计算变形程度，称为伸长率，用 A 表示[见式(1-6c)]。

在挤压、拉伸生产中，也常用断面收缩率来表示变形程度的，即

$$Z = \frac{F - f}{F} \times 100\% \tag{1-8}$$

式中　F——变形前坯料的断面面积；

　　　f——变形后坯料的断面面积。

对于圆形断面棒材来说，断面收缩率也可以用下式来表示

$$Z = \frac{D^2 - d^2}{D^2} \times 100\% \tag{1-9}$$

式中　D、d——变形前后圆形断面棒材的直径。

在生产中有时还用延伸系数来表示拉伸和挤压时的相对变形量，其数学表达式为

$$\lambda = \frac{l}{L} \tag{1-10}$$

式中　L、l——变形前后金属的长度。

对于圆形断面棒材来说，也可以用下式来表示延伸系数

$$\lambda = \frac{D^2}{d^2} \tag{1-11}$$

由于变形后长度总大于变形前的长度，所以延伸系数大于1。

一般相对变形在实际生产中被广泛应用，但注意它们的共同缺点是没有叠加性，即总的变形程度不等于各道次变形程度之和。

例如：厚度为 12 mm 的板坯，经过三道次轧制轧到 5 mm，其压下制度为：12→8→6→5 其各

道次的加工率分别为

$$\varepsilon_1 = \frac{H_1 - H_2}{H_1} \times 100\% = \frac{12 - 8}{12} \times 100\% = 33.3\%$$

$$\varepsilon_2 = \frac{H_2 - H_3}{H_2} \times 100\% = \frac{8 - 6}{8} \times 100\% = 25\%$$

$$\varepsilon_3 = \frac{H_3 - H_4}{H_3} \times 100\% = \frac{6 - 5}{6} \times 100\% = 16.7\%$$

该轧程的总加工率不能用以上各道次的加工率的和来计算，而应计算为

$$\varepsilon_\Sigma = \frac{H_1 - H_4}{H_1} \times 100\% = \frac{12 - 5}{12} \times 100\% = 58.3\%$$

例如：拉伸圆棒时，拉伸前棒材直径为 19 mm，长度为 2000 mm，拉伸后棒材直径为 17 mm，断面收缩率 Z 及延伸系数 λ 分别为

$$Z = \frac{D^2 - d^2}{D^2} \times 100\% = \frac{19^2 - 17^2}{19^2} \times 100\% = 19.9\%$$

$$\lambda = \frac{D^2}{d^2} = \frac{19^2}{17^2} = 1.25$$

1.5 金属塑性变形的基本理论

金属产生塑性变形时，尽管金属所处的应力状态和变形状态各不相同，变形过程中变形的方式及所处的热力学条件也不同，但它们在塑性变形过程中都遵循着一些最基本的规律，这些最基本的规律是压力加工中所必须掌握的基本理论知识。

1.5.1 弹塑性共存定律

图 1-10 是金属试样在静力拉伸时的应力-应变曲线，从曲线上可以看出：当应力达到 A 点以前，若去掉了轴向拉伸力，试样就会恢复到原来的尺寸状态。从微观角度来看，此阶段晶格原子间的距离发生变化，原子偏离了原来的稳定平衡位置；但是原子间距离所发生的变化并没有超出原子间力所能维系的程度，去掉外力后，在原子间力的作用下，原子又回到了原来的稳定平衡位置，变化了的原子间距离也同时得到了恢复。此阶段为弹性变形阶段，即当外力去掉后，变形消失，试样尺寸和形状恢复到原来状态的阶段。

当外力继续增加，应力达到了 A 点以后，试样内部晶格原子间距离的改变，已经超过了原子间力所能维系的程度，去掉外力后，原子群不能再恢复到原来的位置。从宏观上来看，就是试样产生了塑性变形。如图 1-10 中当应力增加到 B 点，总变形量为 ob，这时，去除外力，B 点将沿 Bb' 下滑到 b'，其中 bb' 为弹性变形部分，该部分在外力去除后消失，真正塑性变形的部分是 ob'。从上述可知：金属在塑性变形过程中，同时伴随有弹性变形的存在，这个规律称为弹塑性共存定律。

弹塑性共存定律是一条很简单，但却是很重要的理论，在金属压力加工过程中，经常要用到这条定律解决实际问题。例如：拉伸后的棒材制品，其直径尺寸一般都比模孔直径尺寸大一些，这就是拉伸后，在变形过程中的弹性变形部分恢复所造成的结果。所以为了保证成品棒材的尺寸不超出公差范围，在选择成品模的直径时，要适当考虑弹性变形的恢复对成品尺寸的影响。另外，加工工具在工作过程中也会产生弹性变形，如在平辊轧制板带材时，为了防止由于轧辊弹性变形而造成板带材横向尺寸不均，一般都将轧辊磨削成一定的辊型。

在实际生产中，一方面变形过程中使用的工具，不但不允许发生任何微小的塑性变形，而且期望弹性变形最小，因此常选用刚度大的材料来制造工具、或用工具断面尺寸较大的结构，以求尽可能缩小工具因弹性变形而引起的尺寸偏差。另一方面，对金属来说，在变形过程中希望能产生最大的塑性变形，对变形后不可避免的弹性变形部分的恢复值，只能依靠正确安排变形规程来解决（如设计时加大一定的过剩变形量来抵消可能产生的弹性变形量）。可见，在实际生产中只有从上述两方面考虑，并采取各种有效措施，才能获得合格产品。

1.5.2　体积不变定律

金属在塑性变形过程中，体积的变化情况根据实测的结果表明：金属在塑性变形过程中体积的变化是很微小的，只是在铸锭进行压力加工的初始阶段表现得略为显著些，其主要原因是铸造组织中，不可避免地存在着少量的气孔、疏松、夹渣等缺陷，在进行压力加工的初始阶段时，由于三向压应力的作用，发生晶粒破碎、气孔焊合，使得体积略有变化。在继续进行压力加工时，由于缺陷减少，金属体积几乎不再发生变化。压力加工时，金属体积这种微小的变化，与明显的塑性变形时外形尺寸的变化量相比，是可以忽略的。为了变形计算的方便，在金属压力加工中，假定金属塑性变形前后的体积是不变的，这个假定称为体积不变定律。

以平行六面体为例（图 1-15），可以写作为

$$HBL = hbl \tag{1-12}$$

三个方向的真变形之和为

$$\varepsilon_1 + \varepsilon_2 + \varepsilon_3 = \ln\frac{h}{H} + \ln\frac{b}{B} + \ln\frac{l}{L}$$

$$= \ln\left(\frac{h}{H} \times \frac{b}{B} \times \frac{l}{L}\right) = 0$$

即

$$\varepsilon_1 + \varepsilon_2 + \varepsilon_3 = 0 \tag{1-13}$$

上式表明：金属塑性变形时，三个方向的主变形之和等于零。根据这个关系，可以得出如下结论：金属在塑性变形时，三个主变形不可能同时为正或同时为负，一定是有正（延伸），也有负（压缩）。金属塑性变形时，因为遵循了体积不变定律，所以描述其变形状态的图形（主变形图），才只可能有三种形式，如图 1-13 所示。

1.5.3　最小阻力定律

金属在塑性变形过程中，变形区内的金属质点有朝着各个方向自由流动的可能时，则它们一定朝着对其阻力最小的方向流动，这种流动规律就是最小阻力定律。

根据最小阻力定律，可以得出如下结论：当金属有向各个方向自由变形的可能时，其最大变形将发生在大多数金属质点流动时所受阻力最小的那个方向上。

最小阻力定律也可以表达为最短法线定律，即金属受压变形时，若接触摩擦较大，其质点必然沿最短法线方向流动。

许多实践都证实了上述结论。例如在平锤下镦粗正方形和长方形断面的试件时，在镦粗开始阶段，断面的质点流动方向是按图 1-16 所示的区域进行流动，图上箭头所指方向是质点流动时的最短法线方向。角分线则为各区域的分界线，处于分界上的质点向两个方向流动的可能性相等。当镦粗的变形很大时，原来的正方形和长方形试件断面，都将逐渐变成圆形。

最小阻力定律所体现的金属质点流动示意图，对于解释轧制生产中关于宽展量的大小，有很重要的实际意义。例如，在一定的轧机上轧制板材，若压下量相同，窄轧件的宽展要比宽轧件的

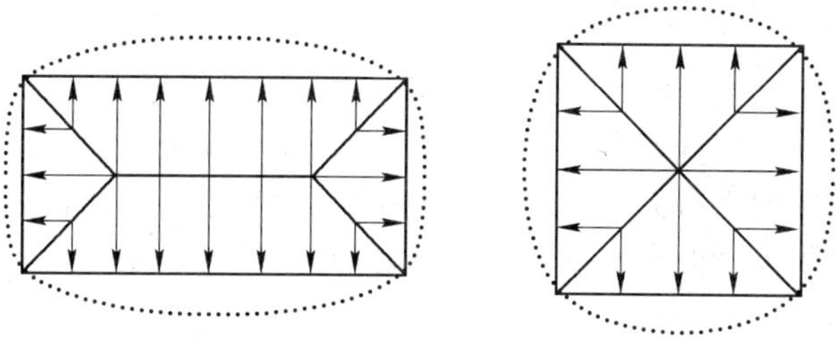

图 1-16 镦粗时金属质点流动方向图

宽展趋势大(见图 1-17)。由图可见,窄轧件朝宽向流动的质点比例,比宽轧件所占的比例大,所以,在相同条件下,轧制窄轧件所产生的宽展趋势比轧制宽轧件的宽展趋势大。又例如,在不同辊径的轧机上轧制宽度相同的轧件,根据金属质点流动区域图(见图 1-18)可以看出,当轧辊的直径较大时,由于变形区变大,因此造成轧件的宽展趋势比轧辊直径较小时轧件板材的宽展趋势明显得多。

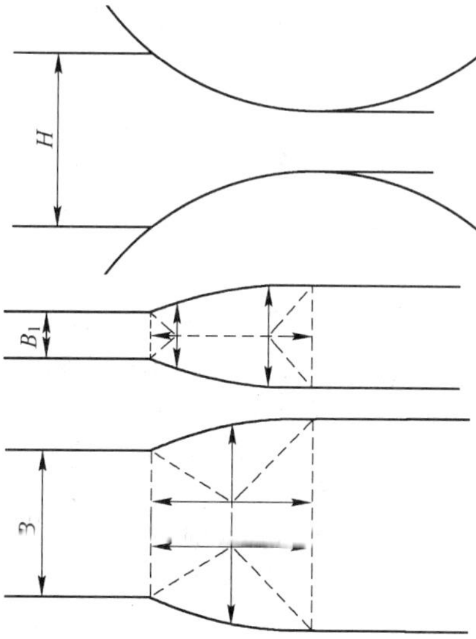

图 1-17 轧制不同宽度轧件时质点流动方向图

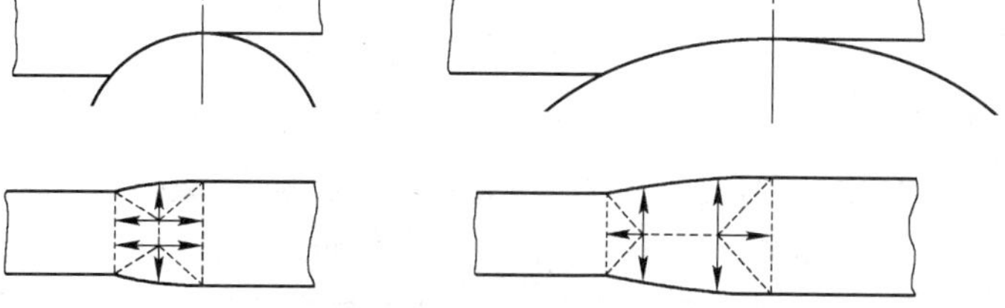

图 1-18 轧辊直径不同时轧件质点流动方向图

1.6　金属的塑性变形条件

当金属受外力作用时,其内部将产生应力,同时产生弹性变形,若应力继续增加到一定数值时,金属将由弹性变形状态转变到塑性变形状态。金属受力开始产生塑性变形时的力学条件就称为塑性变形条件(或塑性条件)。显然,对于材料的使用状态而言,是不允许达到此条件,但对于金属塑性加工来说,则所加的外力必须能使金属进入塑性变形状态,才能完成改变金属形状和尺寸的目的。

单向拉伸时,当试件横断面的拉应力 σ 达到某一极限值时,即由弹性变形状态转变到塑性变形状态,此极限值为 R_e,这样,单向拉伸时的塑性条件可写成

$$\sigma = R_e \tag{1-14}$$

式中,R_e 为材料的屈服极限,它的大小与被加工的金属的组织状态、拉伸时的变形温度-速度等有关。

1.6.1　最大切应力不变塑性条件

实践中发现,金属开始塑性变形时,虽说应力状态可以不同,但它们的最大切应力皆与金属的性质保持某种关系,于是提出最大切应力定律,即金属的塑性变形只有当其内部所受的最大切应力达到一定数值时才能发生,该值与金属的组织及所处状态等有关,而与应力状态的类型无关。这个一定数值的切应力,称为临界切应力。

金属产生塑性变形的主要方式为滑移,而滑移能否进行则取决于滑移面上切应力的大小。最大切应力定律,在一定程度上反映了金属塑性变形时的力学条件,明确了塑性变形时的物理过程之间的联系。

在压力加工中,大多数情况下金属的应力状态是复杂的,既然金属试件进入塑性状态时临界切应力是不变的,那么就有必要寻求复杂应力状态条件下的金属塑性变形条件。

无论何种应力状态,其最大切应力均按式(1-4)计算

$$\tau_{max} = \frac{\sigma_1 - \sigma_3}{2}$$

金属在一定条件下开始塑性变形时的最大切应力是一个定值,与应力状态类型无关,单向拉伸时在 $\sigma = R_e$ 时开始塑性变形,所以

$$\tau_{max} = \frac{\sigma_1 - \sigma_3}{2} = \frac{R_e}{2}$$

得

$$\sigma_1 - \sigma_3 = R_e \tag{1-15}$$

式(1-15)为最大切应力不变塑性条件的一般数学表达式,它计算较简单,在有时也能符合实际,但由于该条件未反映出中间主应力 σ_2 的影响,对许多应力状态存在一定误差。

1.6.2　变形能不变塑性条件

最大切应力不变塑性条件没有考虑中间主应力 σ_2 的作用,实践证明它是近似的,许多金属的实验结果表明中间主应力 σ_2 对塑性条件有一定程度的影响,因此提出变形能不变塑性条件,它的物理意义是:当变形金属内的单位变形能达到一定值时,金属就由弹性变形状态进入塑性变形状态,而且单位变形能仅与变形金属的组织状态、变形温度-速度等有关,而与应力状态的形式无关。这时,金属内部的应力状态,应满足下列条件,即

$$(\sigma_1 - \sigma_2)^2 + (\sigma_2 - \sigma_3)^2 + (\sigma_3 - \sigma_1)^2 = 2R_e^2 \tag{1-16}$$

此式表明：金属受外力作用而开始进入塑性变形状态时，其主应力差值的平方和等于单向拉伸时屈服极限平方的两倍。这个方程建立了开始塑性变形时应力与金属物理性质之间的关系，故又称之为塑性状态方程。可以看出中间主应力对金属由弹性变形状态过渡到塑性变形状态的条件是有影响的。

式(1-16)也可写成

$$\sigma_1 - \sigma_3 = \beta R_e \tag{1-17}$$

式中

$$\beta = \frac{2}{\sqrt{a^2+3}},\quad a = \frac{\sigma_2 - \dfrac{\sigma_1+\sigma_3}{2}}{\dfrac{\sigma_1-\sigma_3}{2}}$$

式(1-17)与式(1-15)比较，可以看出，两个塑性变形条件的区别就在于式(1-17)多了一个应力状态系数 β，β 反映了中间应力 σ_2 对塑性条件的影响。

平面变形状态时，即 $\sigma_2 = \dfrac{\sigma_1+\sigma_3}{2}$，此时 $\beta = \dfrac{2}{\sqrt{3}} = 1.155$；

轴对称应力状态，即 $\sigma_2 = \sigma_3$ 或 $\sigma_1 = \sigma_2$，此时 $\beta = 1$；

其他情况时，$1 < \beta < \dfrac{2}{\sqrt{3}}$。

从上述可以看出，最大切应力不变的塑性变形条件，只适用于轴对称应力状态，而变形能不变塑性条件应用的范围比较广。

从塑性条件也可明确：在金属压力加工过程中，尽管变形金属内部的应力状态情况是各种各样的，但是，每点的应力分量与金属本身性质与状态在开始产生塑性变形的瞬间，仍然存在着一定的关系，这种在金属处于应力状态下开始产生塑性变形时，应力与金属本性内在联系的规律性，即为塑性条件。

复习思考题

1. 塑性变形时的外力有几种？
2. 什么叫内力，什么是应力，应力有几种？
3. 基本应力的作用和特点是什么？
4. 副应力的特点是什么？
5. 什么是主应力，法线应力就是主应力吗？
6. 试画出可能的主应力图的种类。轧制、锻造、拉伸、挤压时的主应力各是什么？
7. 什么是主变形，主变形图有几种？
8. 轧制、锻造、拉伸、挤压时的变形力学简图各是什么？
9. 轧制时加工率如何计算，挤压、拉伸时断面收缩率及延伸系数如何计算？
10. 怎样理解塑性变形中的弹塑性共存定律、体积不变定律和最小阻力定律？
11. 什么是金属塑性变形条件，如何理解最大切应力不变塑性条件和变形能不变塑性条件？

2　金属的塑性变形机构

工业用的金属及金属合金材料都是多晶体,它们是由大小、形状和取向各不相同的许多晶粒通过晶界连接而成为一体的。X 射线分析证明:多晶体中的单个晶粒,其结构与单晶体基本相同,因此多晶体中每个晶粒的塑性变形机构与单晶体的塑性变形机构是类似的。但是,由于多晶体本身结构的特点,使其塑性变形的机构与单晶体的变形机构又不完全相同。下面分别叙述单晶体和多晶体的塑性变形机构,以便于进一步了解金属塑性变形后的组织与性能特点。

2.1　单晶体的塑性变形机构

大量的实验证明,单晶体的塑性变形机构主要有滑移、孪晶、其他塑性变形机构(扩散机构、晶块转动机构)。

2.1.1　滑移

滑移是指晶体在外力的作用下,其中一部分沿着一定晶面和这个晶面上的一定晶向,对其另一部分产生的相对移动。此晶面称为滑移面,此晶向称为滑移方向。滑移时原子移动的距离是原子间距的整数倍,滑移后晶体的各部分位相仍然一致。滑移结果,使大量原子逐步地从一个稳定位置移到另一个稳定位置,晶体产生宏观的塑性变形 (见图 2-1)。

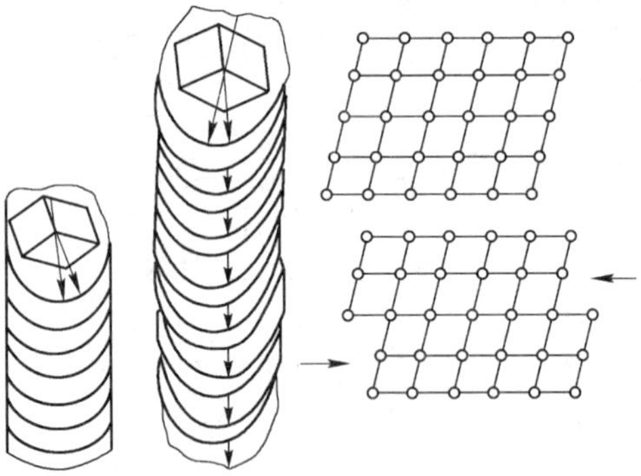

图 2-1　晶体滑移示意图

将单晶体或多晶体金属的磨光试样进行拉伸试验,当变形程度不大时,可以清楚地发现,试样表面有许多平行而交叉的条纹网格,这些条纹与拉力的作用方向呈 45°角,这就是晶体的滑移现象。若将滑移条纹放大观察,可以看到:每根条纹是由许多细小的滑移线所组成,称之为滑移带。用电子显微镜观察滑移带,可以进一步看到:滑移带是由一群滑移层所形成的滑移线组成的,如图 2-2 所示。

2.1.1.1　滑移面和滑移方向

一般在各种晶体点阵中,滑移不是沿着任意晶面和晶向,而总是沿着原子密度最大的晶面和

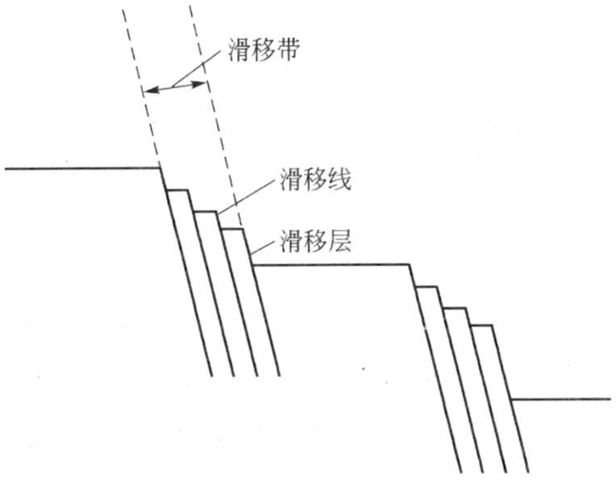

图 2-2 单晶体的滑移带、滑移线和滑移层示意图

晶向发生的。这是因为原子密度最大的晶面或晶向，其原子间距小，原子间的结合力强，同时在最密晶面之间及最密晶向之间的原子间距最大，因而晶原子结合力最弱，所以在最小的切应力作用下便能引起它们之间的相对滑动。

如表 2-1 所示，在面心立方晶格的金属中，如铜、铝等，其滑移面是（111）面，滑移方向是[110]（见图 2-3a），体心立方晶格的金属如 α-铁、铬等，其滑移面是（101）面，滑移方向是[111]（见图 2-3b）；密排六方晶格的金属，如镁、锌等，其滑移面是（0001）面，滑移方向是[1120]（见图 2-3c）。滑移面与滑移方向的组合，称为滑移系。例如面心立方晶格金属有四个（111）面，而每个面上有三个[101]方向，所以面心立方晶格金属在外力作用下，可能有的滑移系是 4×3=12；体心立方晶格金属的滑移系是 6×2=12；密排六方晶格金属的滑移系是 1×3=3 。

表 2-1 金属的主要滑移面、滑移方向和滑移系

晶 格	面心立方晶格	体心立方晶格	密排六方晶格
滑移面	(111)×4	(110)×6	六方底面×1
滑移方向	[110]×3	[111]×2	底面对角线×3
滑移系	4×3=12	6×2=12	1×3=3

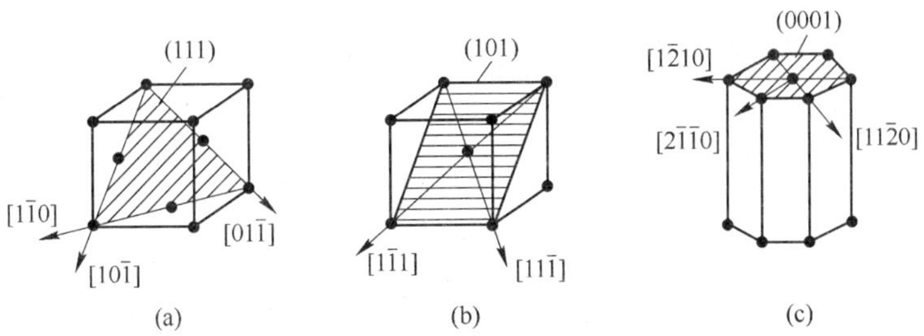

图 2-3 晶体的滑移系

(a)面心立方晶格；(b)体心立方晶格；(c)密排六方晶格

对金属来说，其滑移系越多，则在一定的条件下受力后产生滑移的可能性越大，变形越均匀，它可能承受的变形程度也越大，即意味着塑性越好，特别是其中滑移方向的数目比滑移面数目的作用更大。从表 2-1 可见，具有体心立方晶格的铁与具有面心立方晶格的铜及铝，虽然它们都具有 12 个滑移系，但铁的塑性不如铜及铝；而具有密排六方晶格的镁及锌等，因其滑移系仅有 3 个，

故其塑性远比具有体心立方晶格的金属差。

2.1.1.2　临界切应力及其影响因素

金属晶体内存在着滑移系，仅说明金属有产生滑移的可能性。若使晶体产生滑移，还必须有外力的作用。晶体在外力作用下，产生滑移的力是作用在滑移面上沿着滑移方向的切应力。当此切应力数值的大小达到一定值的时候，晶体才能在这个滑移系统上进行滑移。我们把能够引起滑移的切应力称为临界切应力，以 τ_k 表示。

临界切应力是标志着晶体特性的一个物理量，它与滑移面与外力间的夹角无关。无论拉伸轴与滑移面成何角度，反映金属材料性质的临界切应力 τ_k 几乎是一样的。临界切应力 τ_k 虽然与滑移面和外力间的夹角无关，但金属本身的化学成分、杂质含量以及变形温度、预先塑性变形程度等因素对临界切应力均有影响，其一般规律是：(1) 当化学成分中两组元在固态互溶的合金中，溶质元素量增加时，合金的临界切应力增大。金属中含有杂质，会使临界切应力增大，且含量越高越明显。这是因为杂质的存在使晶体的点阵产生畸变，杂质原子与金属原子尺寸的差别越大，引起的晶体点阵畸变就越强烈。(2) 温度升高，临界切应力降低。因为温度升高后，原子的活动能力增大，使结合力下降。(3) 预先的塑性变形会使临界切应力增加。一般认为这是由于变形引起点阵畸变造成的。(4) 变形温度越低，变形量越大，临界切应力升高得越多。其他条件相同时，对单晶体来说参与滑移的系统越多，硬化越大，临界切应力增加得越显著。

因为滑移面和滑移方向与外力成45°角时，屈服应力 R_e 值最小，即造成晶体内部滑移面上滑移方向内的切应力达到临界值 τ_k 所需的外力也最小，所以把这样的方位称为最佳取向或软取向，反之称为硬取向。

2.1.1.3　晶体滑移时的转动

单晶体在外力作用下即使单纯以滑移方式进行变形，情况也很复杂，伴随着滑移的重要现象之一就是晶体的转动。晶体的转动与受力方式有密切的关系。在拉伸时，如果拉伸机夹头可自由移动，而使滑移面和滑移方向的取向能保持不变，则拉伸轴的取向要发生不断地变化；如果夹头固定不动，保持拉伸轴方向不变，则晶体的取向就需要发生变化，使滑移方向和拉伸轴间的夹角不断变小，因而晶体的取向是旋转的，这样旋转的结果使滑移方向和拉伸轴方向一致（见图 2-4）。对单晶体压缩时，结晶面的转动情况与此相似，但是其转动的方向与拉伸时相反，即滑移面转向与作用力轴线相垂直的方向（见图 2-5）。

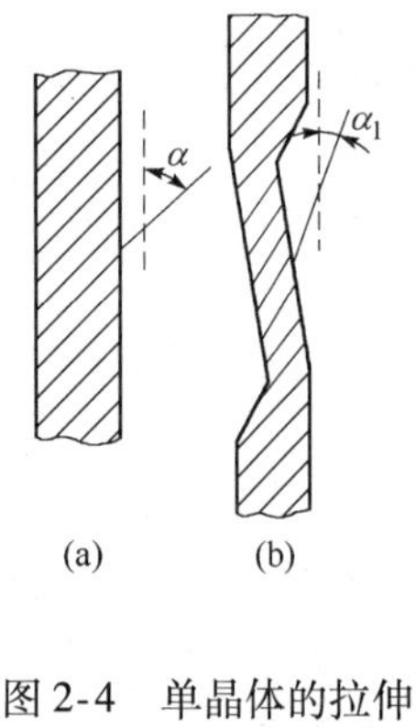

图 2-4　单晶体的拉伸
(a) 拉伸前；(b) 拉伸后

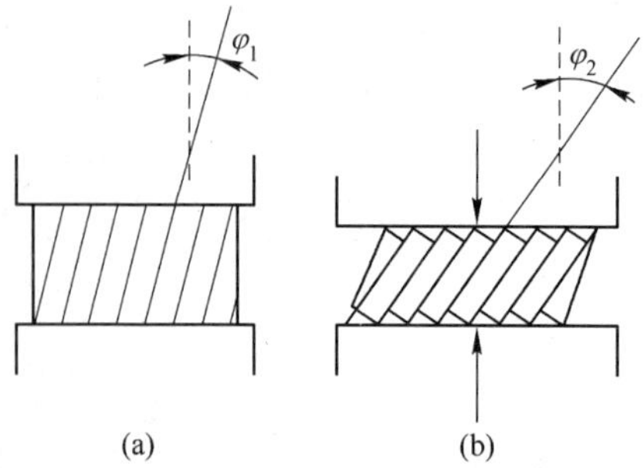

图 2-5　单晶体的压缩
(a) 压缩前；(b) 压缩后

2.1.1.4 复杂滑移

上述的滑移过程是最简单的滑移，又称为平移滑移，简单滑移是沿着一定的结晶平面和结晶方向进行的滑移，仅存在于塑性变形的初始阶段。但实际过程并非如此简单，多为复杂滑移过程。复杂滑移，是继平移滑移以后出现，或是平移滑移受到阻碍以后而出现的一种复合形式，如对滑移系多的立方晶格，开始时是那些处于软取向的滑移系首先开始滑移，但随着滑移的进行因滑移面的旋转而使滑移阻力增加，这样，原来处于软取向的逐渐变为硬取向，而原来处于硬取向的、不利于开始滑移的晶粒，可因晶粒的旋转而变为软取向并开始滑移，于是可能产生交叉式的双滑移，晶体的弯折，滑移带的弯曲等多种形式的复杂滑移过程。

随着变形程度的增加，简单滑移转为复杂滑移。复杂滑移的特点是，在滑移带内，产生显微晶块的转动，它引起滑移带内点阵的不对称转向、滑移带的弯曲、滑移带内完整性的破坏以及可能出现的双滑移等。

双滑移可以在立方晶格金属，如铝的塑性变形中观察到。单晶铝的滑移面和滑移方向组成滑移系共有 12 个。滑移总是首先在相对作用力方向最为有利的系统上开始，因为在此系统上，切应力最先达到临界值，由于在变形中滑移阻力的不断增加或方位的变化，使滑移进行到某种程度后，可能在另一滑移系统上，切应力也达到了临界切应力，并产生了滑移。这时新的滑移面将切割旧的滑移面。滑移面的这种切割，将引起金属变形抗力的剧烈升高。

由此可知，所谓双滑移就是指从某一变形程度开始，同时有两个滑移系统进行工作。但这并不意味着它们的作用是同步的，假如是同步的话，则变形物体应该很快被破坏。但事实上并不是这样，因此，可以设想，两个滑移系统是先后进行的（见图 2-6）。双滑移总是导致滑移带完整性的破坏。

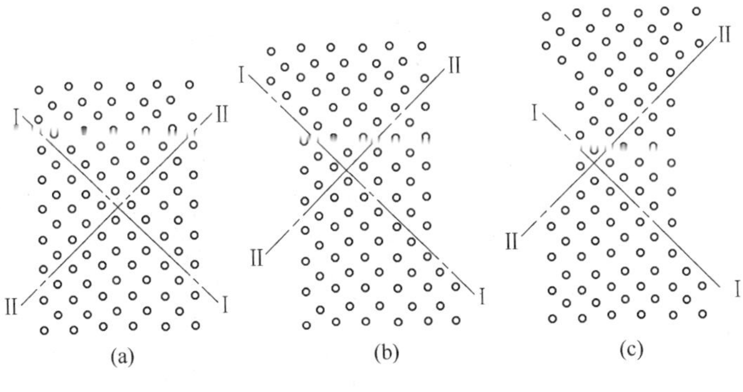

图 2-6 双滑移示意图

与双滑移相似，晶体在滑移过程中，如果滑移在多个滑移系统上同时进行时，则称此滑移为多滑移。应该指出，双滑移是指在滑移面和滑移方向各不相同的两个滑移系统上进行的滑移。

2.1.2 孪晶

金属的塑性变形除了以滑移方式进行外，孪晶也是塑性变形的重要方式之一。所谓孪晶，就是晶体在切应力的作用下，其一部分沿着某一定的晶面和晶向，按一定的关系发生相对的位向移动，其结果使晶体的一部分与原晶体的位向处于相互对称的位置（见图 2-7）。也称为孪生或双晶。

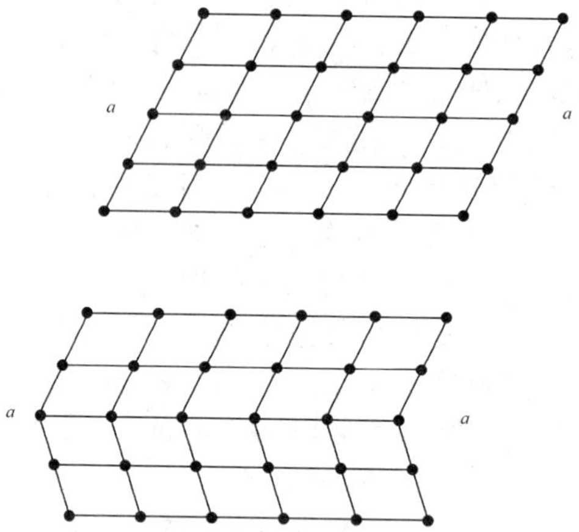

图 2-7　晶体的孪晶示意图

在孪晶变形时，所有平行于孪晶面的原子平面都朝着一个方向移动。每一晶面移动距离的大小与它们距孪晶面的距离成正比。孪晶变形后，晶体的变形部分与未变形部分以孪晶面为对称面形成对称。

孪晶是否发生，和晶体的对称性有密切关系。面心立方晶格的金属，由于对称性高，容易滑移，孪晶不常见。体心立方晶格的金属只有在冲击变形或低温拉伸时，才出现孪晶。密排六方晶格金属，其对称性低，滑移系统少，当晶体取向不利于滑移时，孪晶便成为塑性变形的主要方式。

孪晶的进行过程往往是突变式的，并可听到特有的干裂声，在某些情况下会使晶体产生空隙，降低其密度。孪晶也可以在相变和再结晶时出现。如对密排六方晶格的金属试样进行拉伸，当变形达到一定程度后，即开始出现锯齿型的拉伸曲线。此时还可以听到折裂声，这就是晶体内产生了孪晶式塑性变形过程的象征。

一般孪晶过程不能引起较大的塑性变形，而仅当滑移过程受阻，变形抗力显著增加时，继续滑移的变形抗力超过产生孪晶的临界值时，才出现孪晶。孪晶的出现可能会使个别取向不利的滑移面变成有利取向，从而使滑移继续下去。但一般出现了孪晶变形，就象征着金属即将发生断裂而宣告塑性变形的终了。

2.1.3　其他塑性变形机构

2.1.3.1　扩散机构

扩散机构也称非晶机构，这是一种最简单的机构。黏滞性液体和简单的非晶体流动，就是靠这种机构来实现的。显然它是晶体接近熔化温度时的基本机构之一。塑性变形的扩散机构是原子非同步的、连续的、由一个稳定平衡位置沿所加应力场梯度方向，向另外稳定平衡位置的移动。扩散机构的特点是，在进行方向上，原子移动时没有任何有序性，而其切变抗力取决于变形速度和静水压力。

2.1.3.2　晶块转动机构

单晶体在塑性变形中，在其内部形成晶块，由于各个嵌镶块相互转动的结果，晶体产生不可逆变形，并破坏晶块间的联系和在晶块间界上形成显微破坏，由于变形条件的不同，这些破坏有可能愈合，也可能发展成为宏观上的整体破坏。

2.2　晶体滑移过程的实质

2.2.1　位错

最初认为，滑移是理想的、完整的晶体沿着滑移面发生刚性的相对滑动。但以此为出发点所计算出来的临界切应力比实验所得的数据大 $10^3 \sim 10^4$ 倍，这种矛盾迫使人们不得不放弃完整晶体刚性滑动的理论。直到 1934 年，G. I. Taylor 等人明确地把位错引入到晶体中并把它与滑移变形联系起来后，才使人们对滑移过程的物理本质有了明确的理解。滑移过程不是沿着滑移面上所有原子同时产生刚性的相对滑动，而是在其局部区域首先产生滑移，并逐步扩大，最后直至整个滑移面上都完成了滑移。此局部区域首先产生滑移，是因为在该处存在着位错，因此引起很大的应力集中，虽然在整个滑移面上作用的应力较低，但在此局部区域的应力可能已经大到足够引起晶体的滑移。

金属学中已经讲过，金属的晶格是无数个晶胞整齐排列而形成的面心立方、体心立方、密排六方等不同晶格形式。完整的晶体刚性滑动理论，没有考虑到晶体内部各种缺陷的存在，而实际晶体内部的缺陷是客观存在的，其中之一就是局部区域的部分晶体原子排列紊乱，形成了原子“错排”，即原子的相对位置有所错开，我们就把这种晶体缺陷称为位错。金属的位错，实际是直径只有几个原子间距的细长管道，在此区域内，原子的排列很不规则，形成了金属的局部缺陷，由于这个管道的直径很小，可以将它看成是一条线，所以位错是一种线缺陷。如果这种原子“错排”的缺陷正好处于滑移面上，在外力的作用下，首先产生明显的应力集中，虽然在整个滑移面上的应力较低，但这局部的应力已经大到足够引起晶体滑移的程度。

按照位错形式不同，一般分为刃型位错、螺型位错和混合型位错。

刃型位错可看作是在理想的完整晶体中某个部分插入了半个原子面，而位错线就是半个原子面的边缘，由于它像刀刃，所以称为刃型位错（见图 2-8b）。刃型位错分为两种：当插入的半个原子面位于滑移面上部时，叫做正刃型位错，当插入的半个原子面位于滑移面下部时，叫做负刃型位错。刃型位错的特征是位错线和晶体的滑移方向垂直。

图 2-8c 所示为晶体上下两半的一部分发生滑移，已滑移区和未滑移区的边界为一根位错线，在位错线周围滑移面上下的原子发生了明显的“错排”，这种原子的“错排”情况有一个特点，就是垂直于位错线的原子平面变成了螺旋面，因此这种形式的位错就称之为螺型位错。螺型位错也分为两种情况：当螺旋线的回转方向和前进方向符合右手螺旋规则时，称为右螺型位错；当螺旋线的回转方向和前进方向符合左手螺旋规则时，称为左螺型位错。螺型位错的特征是位错线和晶体的滑移方向平行。

当位错是由刃型位错和螺型位错组合而成时称为混合位错，它的位错线和晶体的滑移方向成任意角度。

2.2.2　位错的运动

位错相当于晶体中已滑移区与未滑移区的界线，位错线沿滑移面运动时，也相当于晶体中滑移的逐步发展，晶体的塑性变形可通过位错的运动来实现。图 2-9 表示刃型位错的移动过程。所谓位错的运动，就是位错线连续扫过滑移面的过程，当完成了这一过程时，就使晶体的一部分对于另一部分产生了滑动，而使晶体产生了变形。

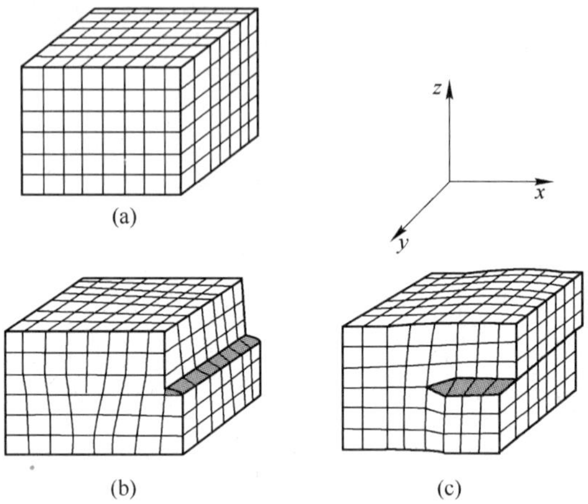

图 2-8　刃型位错与螺型位错

(a)完整晶体;(b)含刃型位错晶体;(c)含螺型位错晶体

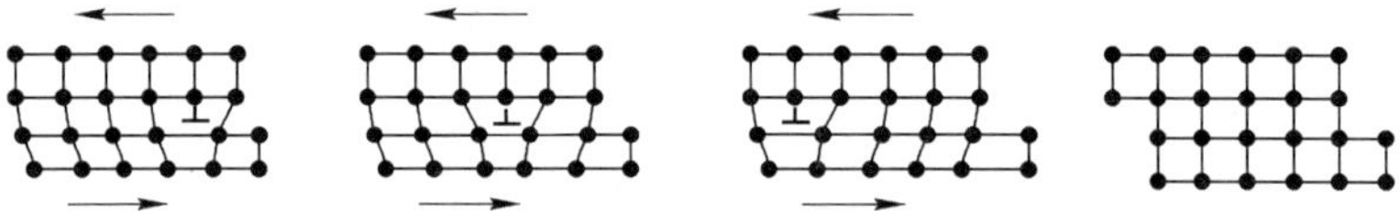

图 2-9　刃型位错的移动

从图 2-9 中可以看出:在应力作用下,其移动方向总是和位错线垂直的。对于刃型位错而言,其位错线的运动方向和晶体的滑移方向是一致的;对于螺型位错,其位错线的运动方向和晶体的滑移方向是垂直的,而对于混合位错,位错线的运动方向和晶体的滑移方向既不平行也不垂直。

对于刃型位错,无论应力作用方向如何,位错只能在唯一的滑移面中滑动。因而为了使刃型位错滑动,必须有平行于滑移面而且与位错线垂直的应力分量。如果应力垂直于滑移面,或者与位错线平行,则位错线是不能移动的。对于螺型位错,由于其周围晶格畸变的对称性,不存在唯一的滑移面,它可以在穿过位错线的任意晶面中滑移。所以,螺型位错的运动方向可因应力方向的不同而发生改变。

位错理论虽然建立较晚,但发展迅速。从目前状况来看,可以说位错理论已成为研究金属学、金属塑性变形和金属物理问题的重要理论基础。用位错理论可以解释金属的力学性能和加工性能。

(1)金属塑性变形时的断裂。已知金属变形时的断裂,是由于内部首先产生了裂纹,而且在塑性变形过程中发生裂纹的扩展、聚合所致。金属材料在熔铸过程中,难免要产生各种各样的缺陷,如气孔、夹渣等。在塑性变形中,运动着的位错不可避免地会遇到各种障碍物,因之阻力是不断增加的。如果外加应力不够大,运动的位错就被阻止在障碍物前,由于晶体在滑移时同时有许多位错在运动,因此前面一个位错运动一旦被阻,后面的一系列位错也就不能继续运动,这就是所谓的位错塞积。金属在塑性变形时,杂质基本是不变形或变形量与周围金属比起来小得多。这时变形量大的金属将给杂质处相当大的拉副应力,这种拉副应力,就可以造成金属和杂质相连接的界面出现裂纹,也可以说围绕位错塞积处的拉副应力可迫使杂质联系力破坏,形成裂纹。裂纹的扩展、聚合最后导致金属整体的断裂。

(2)加工硬化。实践证明,在金属冷塑性变形过程中,要想不断地继续进行塑性变形,需要施以越来越大的力,这就表明,随着冷塑性变形程度的加大,变形抗力不断提高,这种现象称为加工硬化。目前解释加工硬化,都倾向于位错运动受阻(位错塞积)所造成。即由于在塑性变形过程中,运动的位错受到越来越大的阻力而造成运动困难,因而形成硬化。

以上简单地介绍了位错理论中最基本的内容,利用它可以解释一些金属学方面的基本问题,同时也是进一步学习位错理论的基础。但是,目前用位错理论来解决生产实际问题还有一定差距,它只是指出了一些解决问题的原则和方向,许多具体问题还有待于实践去解决。

2.3　多晶体的塑性变形特点

2.3.1　多晶体组织结构特点

多晶体是由许多位向、形状和大小不同的晶粒组合而成的集合体。多晶体在其组织结构方面有以下特点:

(1)多晶体的各个晶粒,其形状和大小是不同的,化学成分和力学性能也是不均匀的。

(2)多晶体各相邻晶粒的取向一般是不相同的。

(3)在多晶体中存在着大量的晶界,晶界的结构和性质与晶粒本身不同,并在晶界上聚集着其他的杂质。

(4)相邻晶粒彼此相互影响。

以上这些都使多晶体的许多性质不同于单晶体。

2.3.2　多晶体的塑性变形特点

(1)变形发生、发展不均匀。多晶体的变形是很复杂的,变形的不均匀性质是其很重要的一个特点。这种变形的不均匀性,不仅表现在各个晶粒之间,即使同一晶粒的各个部分也可能表现出来。显然,这种变形发展的不均匀性,是由于不同晶粒在空间的取向不同所致;如图2-10所示,A、B表示两个晶粒,B晶粒相对于拉力而言,其滑移面处于有利方位,故受力后要产生伸长变形。A晶粒相对于拉力而言,滑移面处于不利方位,虽然也受到拉力,但很难产生滑移。可是A晶粒与B晶粒是彼此紧密结合的完整体,A晶粒受B晶粒变形的影响而要跟着转动和伸长,反过来,A晶粒对B晶粒的伸长又要产生反向的限制作用,即A晶粒将会限制B晶粒的伸长。这样两个晶粒之间,出现了第二类副应力,B晶粒给A晶粒一个附加的拉应力,A晶粒给B晶粒一个附加的压应力。B晶粒受压副应力的作用,阻碍它变形的自由发展,A晶粒受拉副应力的作用,将迫使它跟着B晶粒产生一定大小的伸长变形。

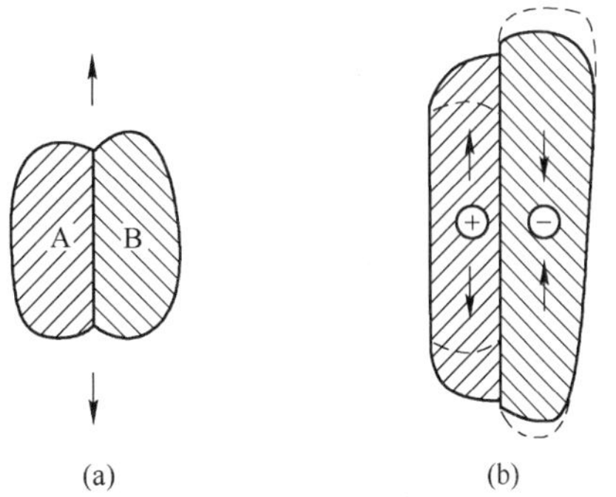

图2-10　多晶体内相邻晶粒的变形

(a)变形前;(b)变形后

对于一个晶粒内的各部分，因所处的环境不同，受到周围其他晶粒的影响，也可能一部分的变形大些，另一部分的变形很小。这样，它们之间也出现了副应力，这种在单个晶粒内，一部分相对另一部分由于变形大小不均匀而出现的副应力称之为第三类副应力。此外，即使各晶粒的滑移面与作用力方向间的角度相同，由于其位置不同，在变形时也可能增加应力与变形的不均匀分布。可见两个晶粒的相互作用会引起应力与变形的不均匀分布。

多晶体在塑性变形中产生应力和变形的不均匀分布，也可以由各晶粒所受的应力图不同和晶粒的大小不同所造成。例如，多晶体受到不均匀拉伸时，其各个部分的主要应力为拉应力，但由于各个晶粒所处的位置不同，有一些晶粒的应力图可能有拉应力和压应力，而另一些晶粒可能受拉应力和弯曲作用，这样便加强了多晶体的应力和变形的不均匀分布。当多晶体各个晶粒的大小不同时，其各个晶粒的变形抗力便会有所不同，这样也会加强应力与变形的分布不均。晶粒大小的差别越大，应力与变形分布的不均匀程度就越大。

(2)多晶体的变形抗力比单晶体高。多晶体在塑性变形中出现应力与变形的不均匀分布，会使多晶体的变形抗力升高，塑性降低。

由于多晶体各晶粒的无规则取向，使其变形抗力不同于单晶体，其差别的大小与晶粒具有滑移系统的多少有关，也就是取决于晶体的点阵类型。滑移系统多的立方晶格多晶体金属，由于各方向都有滑移的可能，各晶粒的变形容易协调，使多晶体与单晶体的变形抗力相差很小，塑性的差别也不十分显著。和立方晶格的金属相比较，滑移系统少的密排六方晶格金属，其多晶体的变形抗力比单晶体大得多，塑性也有显著的下降，如图2-11所示。

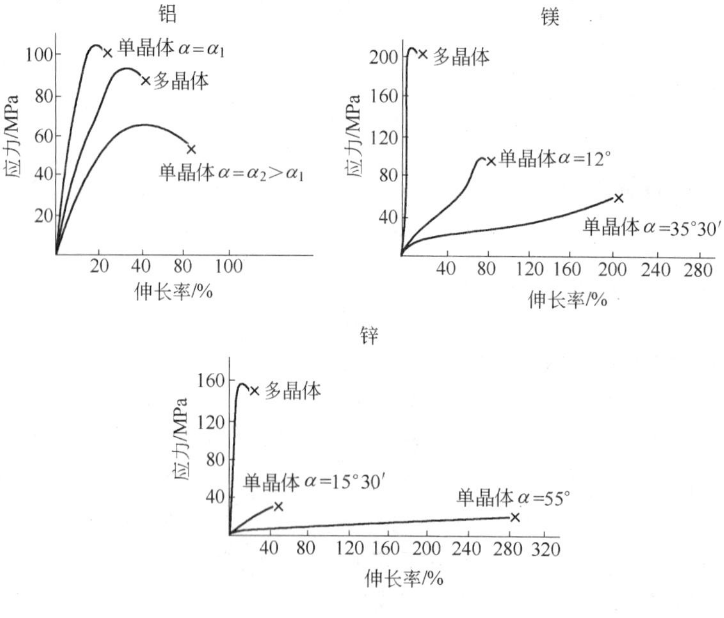

图2-11　铝、镁、锌单晶体和多晶体拉伸试验曲线

α—滑移面对拉伸轴线的倾角；×—断裂点

多晶体晶粒的大小对变形抗力有显著的影响。多晶体的晶粒之间存在着大量的晶界，晶界是一种过渡区，其结构和性质与晶粒本身不同，在晶界处，原子的排列是不规则的，并聚集着一些杂质。相邻的晶粒取向也各不相同，这就势必造成滑移在晶界处受阻，变形发生困难。由此可见，冷加工时晶界比晶粒本身难以变形，也就是说，晶界的变形抗力比晶粒本身的变形抗力大。

因为多晶体是由许多晶粒所组成,各个晶粒通过晶界而互相紧密地连接着。这样,晶粒越细小,晶界所占的区域相对地就越大,对变形的阻碍作用也就越大。因此,冷加工时多晶体的变形抗力也就越大。

(3)出现方向性。多晶体金属是由许多杂乱分布的晶粒所组成,平均起来,在不同的方向上具有相同的性质,即所谓各向同性。在塑性变形过程中,晶粒的形状和取向发生改变,原来的各向同性消失。晶粒在一定方向上出现的择优取向,产生所谓变形织构,使金属产生各向异性,即产生晶粒的定向排列。择优取向的程度取决于变形方式和变形程度。

(4)温度不同,晶界的作用不同,塑性变形的发生情况不同。多晶体各晶粒彼此联系,存在着大量的晶界。晶界处是晶格畸变区,其结构和性质与晶粒本身不同,是一个难变形区。图2-12是铝多晶体经受拉伸试验所测定的结果。由图可见,总变形量相同时,不仅各晶粒所承受的实际变形量不同,而且每个晶粒内部各处的实际变形程度也不一致。此外,在晶界处变形程度都比晶内小,这既表明晶界处较难变形,也显示出晶界在促进变形不均匀分布上起很大作用。

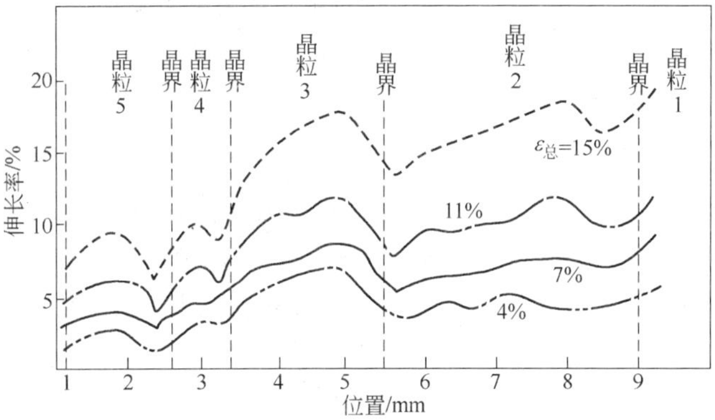

图2-12 总变形量相同时多晶铝的多个晶粒各处的实际变形量

晶粒间界对变形抗力的影响前面已简单介绍了,实际上,对于不同温度下的压力加工过程,晶界的作用是不同的。一般的规律是:在低温情况下,晶界的强度高于晶内,塑性变形先从晶粒内部开始,高温下,晶界的强度一般低于晶粒内部,塑性变形反而可能先沿晶界产生。这可以从晶界难变形区的特性来解释。晶粒之间的这个过渡层中,原子的排列是很不规则的,存在着大量的由点缺陷、线缺陷等所引起的晶格畸变,使该处出现应力,所以低温下晶界的变形抗力比晶粒内部大,很难产生变形。但是在高温下,畸变晶格原子由于获得了较大的能量,当受外力作用时,会出现沿晶粒间界的黏滞性流动而使晶粒间界的强度降低,塑性变形先从晶界开始。

2.4 多晶体的塑性变形机构

多晶体是由大小、形状和取向各不相同的许多晶粒通过晶界联结而成为一体的。每个晶粒内的变形方式与单晶体的塑性变形方式大致类似,但由于各晶粒大小、形状和取向各不相同,特别存在着与晶粒内部组成与性质大不相同的晶界,所以多晶体的塑性变形机构可归纳为晶内变形机构和晶间变形机构两大类。

2.4.1 晶内变形机构

多晶体的晶内变形机构与单晶体的塑性变形机构基本类似,主要有滑移、孪晶、亚结构及其转动。

多晶体塑性变形时的滑移也可以分为简单滑移和复杂滑移。简单滑移过程也称为平行滑移。但是，金属的滑移变形过程并非如此简单，多为复杂的滑移过程。所谓复杂滑移过程是继简单滑移以后出现的，或者说是简单滑移受到阻碍以后而出现的。例如对于滑移系较多的立方晶格的金属来说，开始变形时是那些处于软取向的滑移系滑移，随着滑移的进行，因滑移而不可避免地要发生转动而使阻力增加，这样，原来处于软取向的逐渐变为硬取向，而原来的硬取向反而因晶粒的转动而变为软取向开始滑移，于是产生了交叉滑移，也可能产生晶粒各部分互不对称的转向。

多晶体的孪晶与单晶体的孪晶变形基本一致。

随着变形程度的增加，因复杂滑移以及晶界的约束作用，可使晶粒粉碎而分裂成许多小块，这种局限在一个晶粒内部的小块式结构，称之为亚结构或亚晶，其线尺寸为 1.0×10^{-5} mm，这些被粉碎成的小块，并不破坏该晶粒的整体性和各个小块的晶格。继续变形时，该晶粒仍像单个晶粒一样产生变形，而且每个小块可因其所处应力状态情况不同及位向的差异，产生相应的转动来适应周围晶粒变形的影响，故各小块的局部变形构成原晶粒的总变形。

2.4.2　晶间变形机构

2.4.2.1　晶粒的转动与移动

多晶体变形时，由于各晶粒位向不同，变形发生、发展的情况也不相同。但是金属整体的变形是连续的、相互协调的，所以相邻晶粒间要产生相互牵制又彼此促进的协同动作，因而出现力偶，它造成了晶粒之间的相对转动（见图 2-13）。晶粒相对转动的结果，可促使原来位向不适于发生塑性变形的晶粒开始变形，或促使原来已变形的晶粒能够继续变形。另外，在外力的作用下，当晶界所承受的切应力达到了阻止晶粒彼此间相对移动的程度时，则发生晶间的移动。

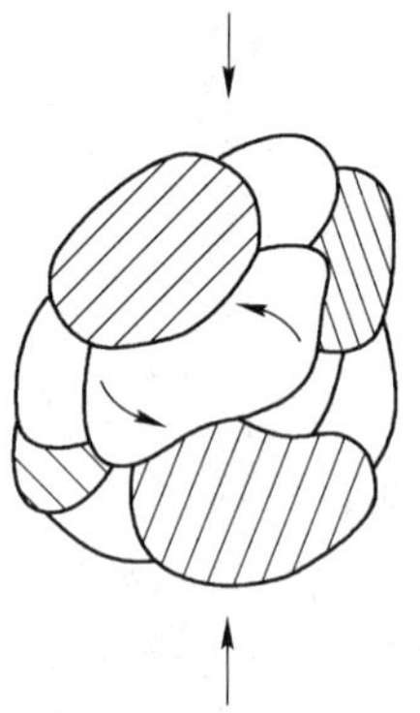

图 2-13　晶粒的转动

晶粒的转动与移动，常常造成晶间联系的破坏，促使出现显微裂纹，如果这种破坏完全不能依靠其他塑性变形机构来修复时，继续变形将导致裂纹的扩大和发展并很快地引起变形金属的脆化。

由于晶界难变形区的作用，所以低温下晶间强度比晶内大，低温下发生晶粒转动与移动的可能性较小，并且晶间变形的这种机构只能是一种辅助性的过渡形式。低温下若是出现这种变形，常常是断裂的预兆。

高温下，由于晶间一般分布着较多的低熔点物质，并因晶格的歪扭及位错等缺陷的存在，原子活性比晶内大，所以晶间的熔点温度比晶粒本身低一些，产生晶粒的转动与移动的可能性大；同时由于伴随着产生了软化与扩散过程，能很快修复和调整因变形所破坏了的晶间联系，因此能使金属获得较大的变形并且没有断裂的危险。

2.4.2.2　溶解-沉积机构

溶解-沉积机构的重要特性是塑性变形在两相间的界面上进行。这种机构的实质是一相晶体的原子迅速而飞跃式的转移到另一相的晶体中去。它是不同相的晶粒间以相互化学作用为基础的塑性变形机构。

为完成原子由一相转移到另一相，除应保证两相具有较大的相互溶解性外，还必须遵守下述两个条件：

(1)因为原子的转移最可能是从相的表面层进行，所以随着温度的改变，或原有相晶体表面大小及曲率的变化，必须引起最大溶解度的变化。

(2)在变形时，必须存在有利于产生高速溶解和沉积的扩散过程，应具备足够高的温度条件。

由于金属的沉积很容易在显微空洞和显微裂缝中进行，则原子的相间迁移可使这些显微空洞和裂缝消除，从而可使金属的塑性显著增大。

2.4.2.3 黏滞性晶间流动机构

黏滞性晶间流动机构又称非晶扩散机构。当变形温度接近晶体熔点时，是金属塑性变形的主要机构之一；在变形速度很低的情况下，在蠕变的开始阶段，晶界上的黏滞性流动起着很大的作用。

综上所述可以看出，金属的塑性变形可以由不同的机构进行，究竟哪种机构起主导作用，则取决于变形过程条件及金属本性。在一定的外部条件下，金属产生塑性变形时，能够同时起作用的变形机构越多，则金属表现出来的塑性越高，所能够承受的变形程度越大。在一般情况下，随着变形温度的升高，起作用的变形机构的数目总是在增多。

尽管目前对金属塑性变形机构研究的还很不够，但仍可认为塑性变形基本上是位错的运动及一些独特的扩散现象的综合。

综合各种变形机构在塑性变形过程中所起的作用，可以认为塑性变形是断裂与反断裂这一对矛盾相斗争的过程，当导致裂纹发生、发展的变形机构所起的作用压倒了裂纹的修复与愈合机构的效果时，金属只能承受有限的塑性变形，相反，当裂纹的修复与愈合机构所起的作用起主导地位时，金属就可以连续地承受很大的塑性变形。因此，在压力加工过程中，应该创造最有利的条件，促成裂纹修复与愈合机构的发展，尽可能减少裂纹发生、扩展机构的作用，使塑性变形能够不断地、稳定地进行下去，这就是我们探索金属塑性变形机构产生与发展情况的目的。

复习思考题

1. 单晶体的变形机构有哪些？
2. 什么是位错，它有几种形式？
3. 多晶体的变形机构有哪些？
4. 多晶体的塑性变形有什么特点？
5. 什么是加工硬化，如何解释？

3 塑性变形对金属组织性能的影响

3.1 热变形、冷变形和温变形的概念

金属与合金的性质是随着组织结构的改变而变化的。金属与合金在压力加工过程中，坯料在改变它的外形尺寸的同时，内部也要发生相应的组织结构的变化，从而引起性能的改变。因此，对金属与合金进行压力加工的目的，就在于借助塑性变形所引起的组织结构的改变，以及各种热处理，使产品达到标准所规定的形状、尺寸、表面和性能，满足用户各方面的需求。由于塑性变形过程及其所处条件而引起的组织结构的改变，大致表现为改变晶粒的尺寸和形状、形成变形组织等。所有这些变化，主要取决于变形的种类、变形温度、变形程度和变形力学图示等。

3.1.1 热变形

热变形是金属在再结晶温度之上进行的塑性变形，也称为热加工。热变形时同时出现硬化和软化过程，而且软化进行得很完善，变形后无硬化的痕迹。

3.1.1.1 热变形的特点

热变形同其他加工方法，如冷加工、温加工相比具有以下优点：

(1)金属热变形时，变形抗力较低，能量消耗较少。高温时，原子动能加大，扩散和溶解过程加速，金属的临界切应力降低，硬化现象因再结晶完全而被消除。

(2)金属热变形时，产生断裂的倾向性减少。随变形温度的升高，原子动能加大，一些起修复作用的变形机构开始启动，使金属内的空洞、气泡、裂纹等缺陷易于焊合，而且完全再结晶也使加工硬化消除，对于大多数金属而言其塑性升高，虽然有些金属在热变形温度范围内，在某些温度区间会发生塑性波动，出现脆性区，但总的来说，金属热变形时金属塑性较高。

(3)与冷变形相比，热变形一般不易产生织构。高温下启动的滑移系统较多，使滑移面和滑移方向不断发生变化，因而，热变形中金属的择优取向或方向性小。

(4)热变形不需要像冷加工那样反复多次的中间退火，从而简化工序，提高生产效率。

(5)热变形可以改变金属的组织结构，满足对产品某些性能的要求。

热变形同其他加工方法一样也有一些不足：

(1)许多金属的热变形温度要高于室温，加工时有温降，因而较难精确控制金属性能。

(2)热变形的产品精度不高，表面不如冷加工产品光洁，尺寸也不如冷加工产品精确。

(3)有些金属不宜进行热加工。

3.1.1.2 热变形温度的确定

确定热变形温度，一般需要参考合金的相图、塑性图、变形抗力图及第二类再结晶图等，通常先根据合金的相图、塑性图确定变形温度范围后，还需用变形抗力图来校正，以保证变形是在变形抗力最小的区间完成，若对晶粒大小有要求，还需参考第二类再结晶图，这是立体的再结晶图，反映了晶粒尺寸与变形温度及变形程度之间的关系。

温度上限，从相图上看大致取熔点温度的 0.95 倍，即比固相线低 50℃左右。这样既可保证不会熔化，又可避免过度氧化；若合金中含有低熔点物质，则需比以上温度更低，以防止晶间联系的破坏，造成材料的脆裂。从塑性图上看，最高温度应取在塑性最大的区域。

温度下限，要保证变形过程再结晶能充分进行，并尽量使变形在单相区完成。一般热变形温度下限约为 0.7 倍的熔点温度，比相变线稍高。

3.1.2　冷变形

冷变形是金属在再结晶温度之下进行的塑性变形，也称为冷加工。一般金属所处温度是其熔点绝对温度的 0.25 倍以下，基本是室温条件下完成的。如铜及铜合金还有铝及铝合金在常温下进行的冷轧、冷拉伸等均是冷变形。冷变形时加工硬化显著，即随变形程度的加大，金属变形抗力不断提高，塑性不断下降。所以除少数塑性极好的金属如纯铜、纯铝等，其他金属及合金在冷变形中需和中间退火交替进行，以消除加工硬化。因此金属的冷变形过程一般要反复进行多次，即每次需根据金属自身的特性及工艺条件确定合理的总变形量，然后进行退火，这种冷变形后退火、退火后又进行冷变形的交叉作业，叫做冷变形-退火循环。在这种循环中，可使变形金属性能发生反复的变化，以得到任意形状和尺寸及任意硬化程度的产品。

冷变形虽然增加了中间退火及一些其他辅助工序（如酸洗、烘干等），但由于冷变形所得制品具有表面光洁，尺寸精确、形状规整等优点，而且可以通过控制成品的冷变形量及成品热处理工艺获得不同硬度、不同状态的制品，满足对金属材料的不同要求，所以冷变形仍为制造许多材料的重要手段，尤其铜材的冷变形制品所占比重更为突出。

3.1.3　温变形

温变形是介于冷、热加工之间的一种加工形式，它一般是在室温之上金属开始再结晶温度之下进行的加工过程。一般情况下，需加热或利用铸造后或热加工后的余热。一些金属在室温下塑性差，或变形抗力大，难以加工。若加热到相对高一些的温度后，金属在塑性变形时除产生硬化外，还可以产生一定的回复，明显地减少了内部应力，降低变形抗力，使塑性得到一定提高，即可很好地承受变形。温变形还可以减少加工过程中的中间退火次数，因而可以减少能耗、提高生产效率，在实际生产中得到广泛应用，尤其对那些在变形过程中硬化敏感的合金，更具有特别重要的实际意义。一般温变形制品的表面光洁程度和尺寸精确程度比热加工的好，工具的使用寿命比热变形的长。另外，温变形可以在保证有足够塑性的条件下，提高金属的强度。这在许多情况下需要采用特殊热处理方法才能得到。

如铝合金板带充分利用热轧后金属的余热和塑性，采用中温轧制可以加速铝材的生产过程；钼用较低温度进行多次反复温轧，也能达到改善其性能的目的。

在确定温变形的温度范围时，其上限应考虑产生足够的变形硬化，以提高金属性能，其下限应考虑避免变形抗力太大及出现裂纹和断裂的可能。

总之，温变形具有许多优点，是冷、热变形所不能比拟的，因此在实际生产中得到广泛应用。但应当指出，由于温变形时金属所处温度条件较低，若变形道次多、时间过长，材料各部分不均匀冷却，易使制品性能不均或组织粗化，这是在采用温变形时要特别加以注意的。

值得注意的是区分冷热加工要根据再结晶温度，如锡的再结晶温度是 -7℃，它在室温下加工也能充分进行再结晶，变形后无硬化的痕迹，所以这种加工是热加工。而钨的最低再结晶温度为 1200℃，所以在 1000℃热拉钨丝是属于温加工。由此可见，再结晶温度是区分热、冷加工的分界线。

3.2　冷变形时金属组织性能的变化

3.2.1　冷变形时金属组织的变化

3.2.1.1　晶粒形状发生改变

随着金属外形的改变，其内各个晶粒的形状也发生大体上相适应的变化，都沿着最大主变方向而被拉长、拉细，如图 3-1 所示。

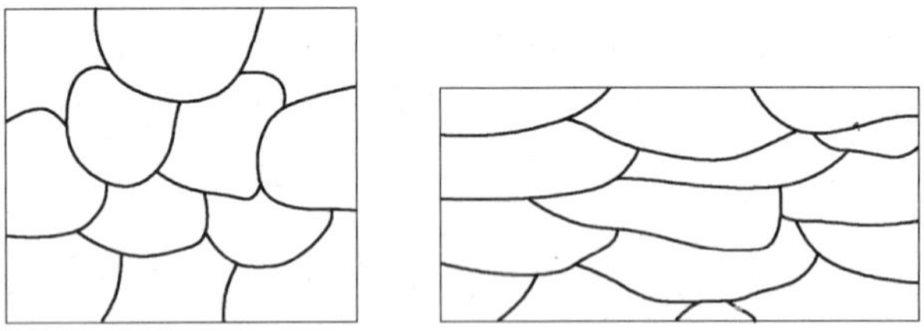

(a)　　(b)

图 3-1　金属变形前后的晶粒形状

(a)变形前;(b)变形后

晶粒形状的变化取决于主变形图和变形程度。在二向压缩一向延伸的主变形图中，最有利于晶粒的拉长，变形程度越大，晶粒被拉长越严重。在晶粒被拉长的同时，晶界夹杂物等也跟着伸长，使冷变形后的金属出现纤维组织。

3.2.1.2　形成亚结构

亚结构指的是冷变形后，金属的各个晶粒被分割成许多单个的小区域。X 射线的研究指出：金属经过充分的冷塑性变形后，在晶粒内部出现了许多取向不同的小区域，其大小约为 10^{-4} ~ 10^{-7} mm，似乎是金属遭受变形后粉碎成许多小块，但这些小块的取向相差并不很大，一般只有几分，最多一度，所以它们仍然维持在同一个大晶粒之中。电子显微镜观察，发现这些小区域的边界，是由大量位错组成的位错缠结，而这些区域内部位错密度很低，晶格畸变很小，对这些小晶块称为亚晶，对于这种结构，一般称为亚结构。

关于亚结构形成的原因，可以认为是由于变形发展不均匀及复杂滑移，以及孪晶变形等交互作用，而使晶粒逐渐被分割成许多不同方位的晶块，即形成了亚晶。冷变形过程中形成亚结构是许多金属(例如铜、铁、钼、钨等)普遍存在的现象。一般都认为亚结构对加工硬化起着重要作用，因为各晶块的方位不同，其边界又为大量位错缠结，所以对晶内的进一步滑移起着严重的阻碍作用，因此亚结构可以提高金属的变形抗力。

3.2.1.3　形成变形织构

金属在冷变形过程中，因受外界力学条件的限制和变形发展方向的影响，其内部各个晶粒在滑移过程中有向着相近似的某一个方向转动的同样趋势，如图 3-2 所示。当变形程度很大时，大多数晶粒的某个滑移系最终都转到同一方向，或接近一致的方向，因而可使原来位向紊乱的晶粒出现有序化。从外表上看，晶粒变成了一条条的纤维状组织。这种在较大冷变形程度的情况下，晶粒位向由无序状态变成有序状态的情况称为择优取向。例如某些晶面或晶向平行了，并且往往平行于加工时的最大主应力或最大主变形方向,由此所形成的纤维组织,因为有严格的位向关系,称之为变形织构。

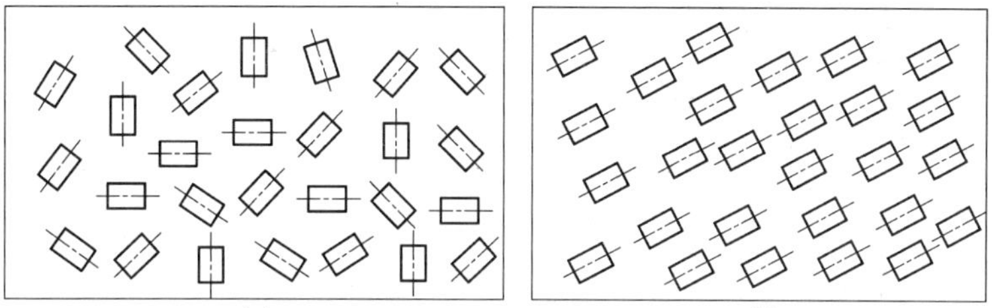

(a)　　(b)

图 3-2　多晶体晶粒的排列情况
(a)晶粒的紊乱排列;(b)晶粒的整齐排列

按照坯料或制品外形,变形织构可分为以下几种:

(1)丝织构。在挤压、拉伸及旋锻条件下形成的,这时晶体中各晶粒有一个共同晶向相互平行,并且都与轴线一致,就用这个晶向来表示丝织构。例如冷拉体心立方晶格的金属时,变形后其[110]晶向互相平行并且平行于拉伸方向,故称为[110]丝织构,如图 3-3 所示。

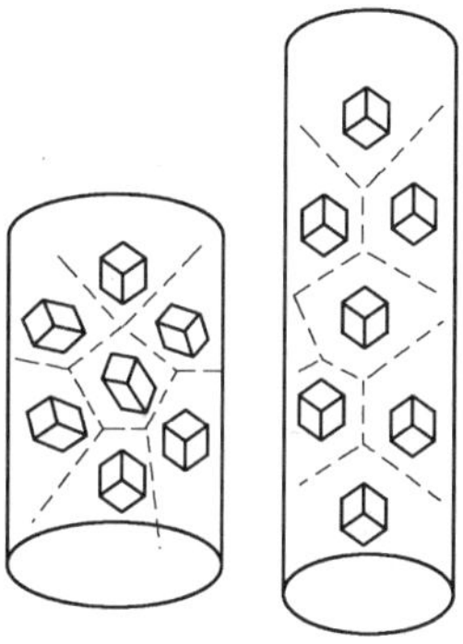

(a)　　(b)

图 3-3　丝织构示意图
(a)拉伸前;(b)拉伸后

(2)板织构。板织构也叫轧制织构,不仅晶粒一定的晶向平行轧制时的最大主变形方向(轧制方向),而且某一结晶平面还平行于板材表面(轧制平面),所以板织构用这组晶面及这组晶向来共同表示。例如体心立方晶格的金属冷轧后(100)晶面平行于轧制平面,而[011]晶向平行于轧制方向,故用(100)[011]表示板织构,如图 3-4 所示。

冷变形中形成的变形织构,其特性取决于变形程度、主变形图及合金的成分和组织等。变形程度越大,变形状态越均匀,则织构的表现也就越明显。拉伸、挤压的变形图是二向压缩一向延伸,得到的是丝织构,轧制时的变形图是一向压缩二向延伸(有宽展)得到的是板织构。

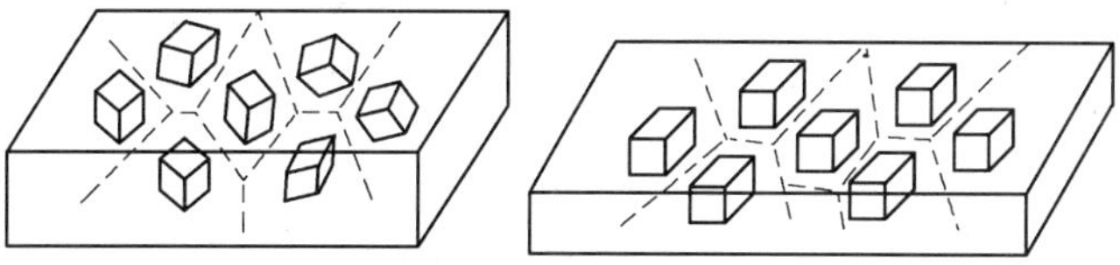

(a)　　(b)

图 3-4　板织构示意图
(a)轧制前;(b)轧制后

当有冷变形织构的材料进行退火时,由于晶粒位向趋于一致,往往形成具有织构的退火组织。这时观察其组织为等轴晶粒,但它们的取向是一致的,这种组织称为再结晶织构。

生产中可利用两种织构使工艺简化,性能合格。如生产雷管紫铜带时需要尽量避免方向性。过去在生产中,采用控制成品前总变形程度不超过 80% 的方法,这样就增加了中间退火与酸洗工序,工序多、能耗高、生产效率低。后来经过反复实践研究,采取热轧后直接冷轧至成品的方法,总变形程度达99%以上,这时铜带产生(110)[112]和(112)[111]的变形织构,然后采用低温退火的合理的成品退火制度,使之产生(100)[001]再结晶织构。这样,使再结晶织构与变形织构并存以抵消相互的不良作用,经深冲及力学性能检验,完全符合要求。

3.2.1.4 造成晶内和晶间的破坏

由于在冷变形过程中没有软化过程的愈合作用,因此,由于滑移运动、孪晶变形及晶粒的转动等复杂作用,造成了晶粒内部和晶粒间界出现了一些显微裂纹、空洞等缺陷,这些缺陷是造成金属显微破裂和宏观破坏的根源。

此外,金属板在冷冲压时,由于存在着自由表面,因而容易形成橘皮组织,所谓橘皮组织是经过冷变形后的金属自由表面凹凸不平,好像橘子皮一样。产生这种组织是由于表面晶粒滑移不均匀所造成的。因为在晶界附近,滑移受到阻碍,所以变形小,滑移束所形成的台阶也低;在晶粒中部,或稍离开晶界处,晶界对变形的阻碍作用减弱,滑移比较自由,变形量大些,滑移束所形成的台阶较高,这样就形成了凸凹不平的表面。所以对供冷冲压的板材应该具有细小均匀的晶粒,一般要求晶粒度小于0.05 mm,这时晶界对变形的阻碍作用可以遍及整个晶粒,这样就可以避免产生橘皮组织了。

3.2.2 冷变形时金属性能的变化

冷变形时,由于金属组织变化和内能的改变,引起变形金属各种性能发生变化。

3.2.2.1 物化性能的变化

(1)密度:冷变形的金属内部,由于晶内和晶界出现了显微裂纹、空洞等缺陷,因而使金属的密度变小,变形程度越大,密度变小越显著。

(2)电阻:冷变形中,对电阻值影响最大的因素是晶内和晶界的破坏,一般来说,冷变形使金属的电阻有所增高,至于增加的程度随金属不同而异。

(3)导热性:冷变形使金属的导热性变差。

(4)磁性:冷变形能改变金属的磁性,这时磁饱和基本不变,但金属的磁导率下降了。

(5)耐蚀性:金属经过冷变形后,由于内能提高而使其化学性能更不稳定,使金属抗腐蚀能力降低,减少了材料的寿命。我们把由于金属内部存在着残余应力而加速的腐蚀,称为应力腐蚀。例如黄铜冷变形后晶界腐蚀加快,使黄铜在潮湿、特别是在有氨蒸气的气氛中,产生晶界腐蚀而破裂。

3.2.2.2 力学性能的改变

冷变形后的金属,由于产生了晶内和晶界破坏、晶格发生了畸变及残余应力的存在,而使其塑性指标下降,并且随着变形程度的增加而急剧下降,在极限情况下可达到接近于完全脆性状态。另外,由于晶格畸变,出现应力,晶粒被拉长、细化以及出现亚结构等,使金属的变形抗力随着变形程度的增加而明显提高。几种有色金属的力学性能与冷变形程度的关系曲线如图3-5所示。

3.2.2.3 变形织构及性能上的改变

冷变形时,由于出现纤维组织及变形织构,使变形后的金属出现各向异性,即在材料的不同

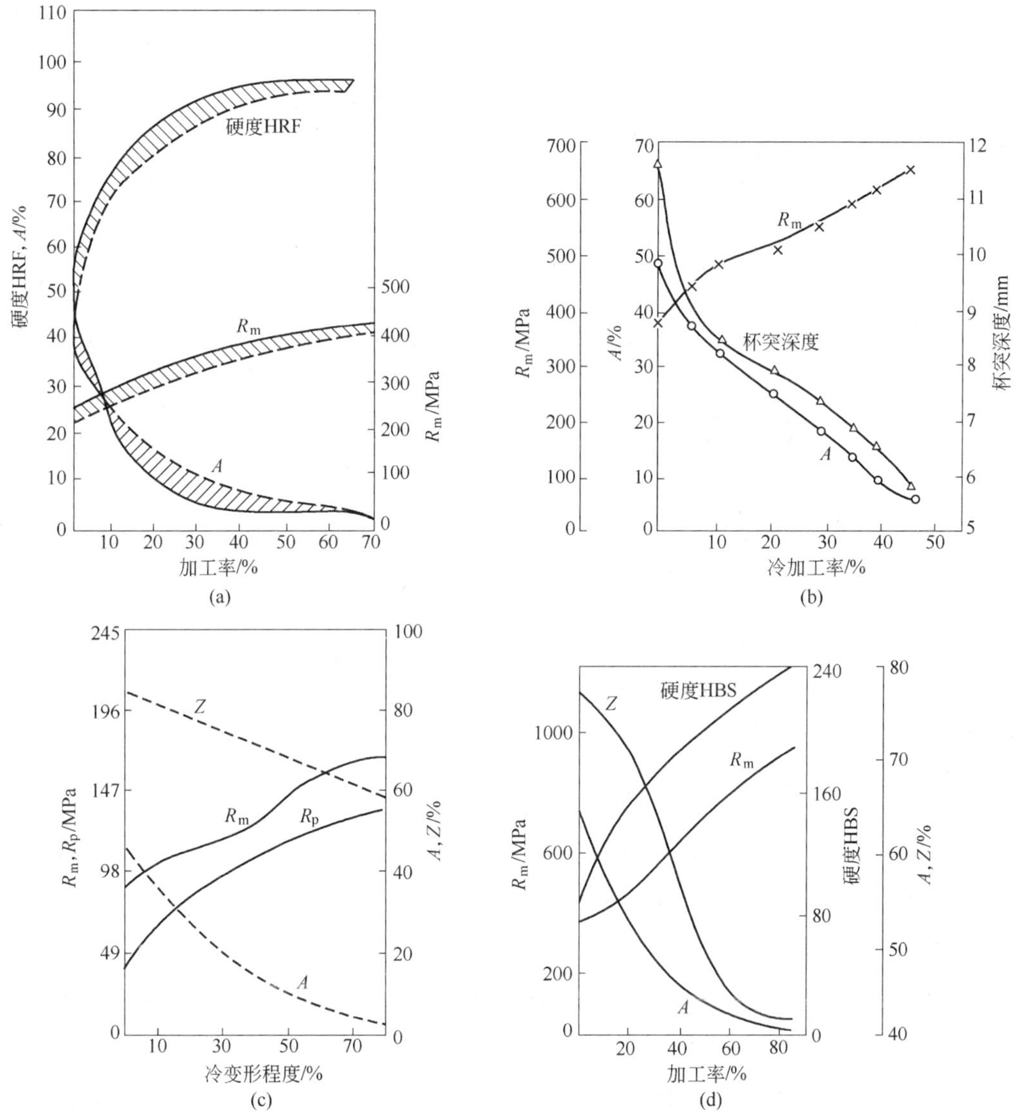

图 3-5　部分金属力学性能与冷变形程度的关系

(a)T2 的力学性能与加工率的关系(——材料晶粒大小为 0.015 mm，- - -材料晶粒大小为 0.045 mm)；

(b)H68 的力学性能与加工率的关系(0.5 mm，495℃退火 50 min)；

(c)纯铝的力学性能与变形程度的关系；

(d)QSn6.5-0.1 的力学性能与加工率的关系(原材料：软带材)

R_m—抗拉强度；R_p—规定非比例延伸强度；Z—断面收缩率；A—伸长率

方向，具有不同的性能。由表 3-1 可见，在不同的晶向上的力学性能是不同的。

在实践中，各向异性会引起严重后果。冷轧镁板如产生了板织构，进行下一步加工时很容易破裂。具有板织构的铜板进行深冲时，会使杯形零件的边缘带有波形，突出的波形部分称为制耳(见图 3-6)，出现制耳增加了切边损失，提高了产品的废品率。当方向性严重时，还可能造成零件

表 3-1　一些金属的力学性能各向异性

金　属	弹性模量 E/GPa				剪切模量 G/GPa			
	晶向	$E_{最大}$	晶向	$E_{最小}$	晶向	$G_{最大}$	晶向	$G_{最小}$
铝	[111]	77	[100]	64	[100]	29	[111]	25
铜	[111]	194	[100]	68	[100]	77	[111]	31
金	[111]	114	[100]	42	[100]	41	[111]	18
银	[111]	117	[100]	44	[100]	44.5	[111]	19.7
铁	[111]	290	[100]	135	[100]	118	[111]	61

上沿塑性低的方向被撕裂。

值得指出的是：这种方向性不单单引起不利作用，在生产上有时还专门利用这种方向性，如轧制硅钢片，采用适当的热轧、中间退火、冷轧及成品退火工艺时，使之具有(011)[100]织构的板材，这种板材沿[100]方向磁化率最大，将这种板材沿轧制方向切成长条，使织构轴与磁场平行而堆垛成芯棒或拼成矩形铁框，可得到磁化率最大的铁芯。

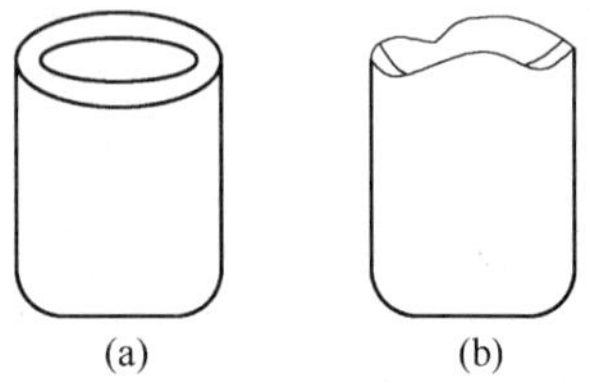

图 3-6　冲压时出现的制耳情况
(a)无制耳；(b)有制耳

3.3　热变形时金属组织性能的变化

3.3.1　热变形时金属组织性能的变化

目前，大多数金属与合金的铸锭都是采用热变形的方式来进行初步加工的，因此，利用热变形方式使铸造组织最有效地转变成变形组织，以提高材料的性能。

从熔炼与铸造知识中可以知道，铸态组织是不均匀的，从铸锭的断面上一般可以观察到三个不同的组织区域，最外层是由细小的等轴晶组成的一层薄壳，与这层薄壳相连接的是一层相当厚的粗大柱状晶区，中心部分则是由粗大的等轴晶粒所组成。从成分上看，除了特殊的偏析造成成分不均匀外，一般低熔点杂质、氧化膜及其他非金属夹杂，多集结在柱状晶粒的交界处，此外，由于存在气孔、分散缩孔、疏松及裂纹等缺陷，使铸锭的密度降低。组织和成分的不均匀及较低的密度，是铸锭塑性差、强度低的基本原因。

热加工时，压应力分量较多，尤其是三向压应力状态占优势，在这种情况下，热变形可以有效地改变金属的铸造组织，使之成为具有良好加工性能的加工组织。

一般热变形是通过多道次反复变形来完成，由于在每一道次变形中，硬化与软化是同时发生的，这样，因为塑性变形而遭到破碎的粗大柱状晶粒，经过反复的加工变形而成为较均匀、细小的等轴晶粒。由于三向压缩应力状态中静水压力值的作用，可以使铸造组织内的气泡焊合、缩孔压实、疏松压密，使金属组织变成较致密的结构。并且由于高温下原子热运动能力加强，在应力的作用下,借助原子的扩散,有利于使铸造所形成的化学成分不均匀性相对减少。上述三个方面综合作用的结果,可使铸造组织变成加工组织,加工组织比铸造组织有较高的密度、均匀细小的等轴晶粒及比较均匀的化学成分,这种组织和成分的有利变化,使变形后的金属材料性能得到显著改变,其塑性和变形抗力指标都明显提高。

虽然热变形能够改变铸态组织的某些缺陷,但是也还保留有铸造组织的某些残迹,主要是形成了影响材料性能的纤维组织或带状结构。

金属内所含有的杂质、气孔、疏松等缺陷,在热变形过程中,将沿着最大主变形方向被拉伸,形成纤维组织或带状结构。形成纤维组织有各种原因,最常见的是由非金属夹杂物所造成,因为这种夹杂物的再结晶温度较高,在热变形过程中不产生再结晶,同时,在高温下它们还具有一定的塑性,能沿着最大延伸方向被拉长,因此,压力加工完成后,这种被拉长的变形状态照样被保留下来,形成连续的条状纤维组织。

纤维组织对金属材料的性能是有影响的。一般是沿纤维方向的强度高于垂直于纤维方向。因为在纵断面上纤维部分所占的相对面积小,所起作用也就比横向小。

通常纤维组织很难用退火的方法来消除,目前多采用以下三种方法来减少变形中的纤维组织:

(1)选择恰当的变形方法,它要能够保证实现三向压应力状态而又具有最少延伸的主变形状态,前者可以使变形后的金属密度提高,后者可以减少铸造组织中缺陷的扩大,从而保证得到较理想的加工组织。

(2)变形过程中,只要可能和允许,应不断改变最大主变形方向以减少形成纤维组织。

(3)选择合理的变形规程,恰当地控制变形温度、变形速度和变形程度。

另外,在热变形时也可能产生变形织构,这也会引起材料的方向性和组织性能的不均匀。

3.3.2 热变形制品的组织强化效应

某些成分的合金在热变形温度下进行塑性变形时不发生再结晶,并且在变形后的热处理时也不产生再结晶组织。这种合金与已发生再结晶的材料相比,热处理后具有很高的强度,这种现象,称为组织强化效应。

这种现象,在某些铝合金(2A11、2A12、7A04 等)挤压制品中产生,经过淬火和时效以后,比同一成分的合金采用轧制、锻造进行加工后采用同一热处理规程,其强度性能高出 10% ~30%。这个现象称为挤压效应,如表 3-2 所示。

表 3-2 某些铝合金的强度极限(MPa)

制 品	合 金			
	2A11	2A12	2A14	7A04
轧制板材	433	462	540	497
锻 件	509		612	470
挤压棒材	536	574	664	519

从组织结构上来看，具有挤压效应的制品具有下列特征：

(1)制品经过淬火后仍然保持着未再结晶组织，而其他变形方式的制品，则是再结晶组织。

(2)制品内存在着变形织构，因而其性能具有明显的方向性。在一定的方向上具有最高的强度。

一般挤压效应在含有锰、铬和锆元素的铝合金中明显。这些合金元素溶入固溶体中能显著提高再结晶温度，它们在铝中的溶解度小，且溶解度随温度剧烈变化，极限溶解度的温度较高。在铸造状态下，这些元素在固溶体中往往是过饱和的，挤压温度一般在420℃左右，对于这些元素构成的相的脱溶过程来说温度不够高，它们很少析出。淬火加热时，由于原来固溶体内存在这些元素的晶内偏析，含有它们的第二相会沿晶界析出，形成弥散质点组成的薄壳，阻碍再结晶过程的进行。

在挤压时，金属在强烈的三向压应力作用下，晶内及晶间的破坏较少，变形后残余应力也较小，使再结晶温度升高，使金属在淬火前加热的高温下，仍能保留未再结晶组织。

组织强化效应不会由于突出地提高某个方向的力学性能而引起其他方向力学性能的降低，而且能使其强度性能全面提高，故可以更有效地发挥材料的潜力；此外，组织强化效应还可以提高材料对应力腐蚀和晶间腐蚀的抗蚀能力。

3.3.3　热变形过程中的回复和再结晶

将热变形过程中，在应力状态作用下所发生的回复与再结晶过程称为动态的回复与再结晶过程，以区别冷变形后退火过程中、热变形各道次之间以及热变形后在空气中冷却时所发生的静态回复和再结晶过程。不论何种类型的回复与再结晶，只要所获得最后结果相同，它们对材料性能的影响都是一致的。

变形中的回复是金属在热变形中发生的一种软化过程。对于铝及其合金、α-Fe、铁素体不锈钢以及锌、锡等金属，它们在热变形时的应力和变形曲线如图3-7a所示，在微小的变形阶段位错增殖，此时动态回复尚未进行或进行得很微弱，因此过程中的硬化作用远远超过了软化作用；在屈服阶段位错密度变化不大，表明在本阶段已发生动态回复，其作用在逐渐加强，因而“加工硬化”部分地被动态回复所引起的软化所抵消；当接近稳定流动阶段时，位错密度达到一个平衡的数值，此时位错已排列成小角亚结构，即位错通过攀移、交滑移及从节点和位错网中脱出而与异号位错相互抵消，这时曲线接近水平线，已达到稳态变形阶段，过程中的加工硬化作用几乎完全被动态回复所引起的软化所抵消。亚晶的出现则标志着动态回复的发生。

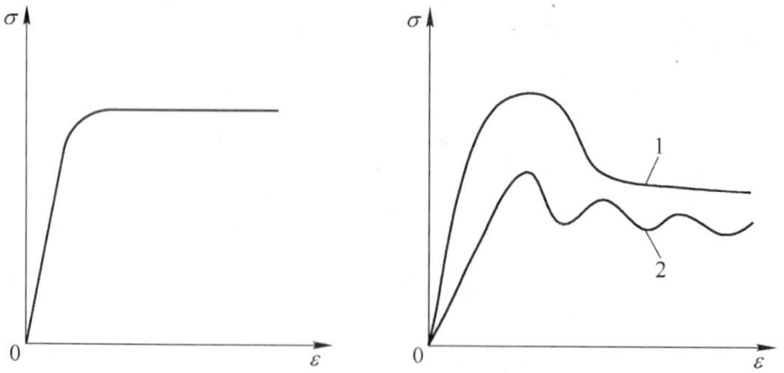

(a)　　(b)

图3-7　热变形时的应力-变形曲线

(a)回复型；(b)再结晶型

对于如铜、黄铜、镍、γ-Fe 等,此类金属热加工时在大的变形程度下会出现动态再结晶。由于它们的位错难以从节点和位错网中脱离,也难以通过交滑移和攀移与异号位错相互抵消,动态回复进行得较慢,亚组织中位错密度较高,储存的能量足以引起再结晶形核。从图 3-7b 可看到,在高的应变速率下(如图 3-7b 曲线 1 所示),曲线的变化可分为三个阶段:阶段Ⅰ是尚未发生动态再结晶的加工硬化阶段,此时只出现缓慢的动态回复,并积累能量为动态再结晶作准备。阶段Ⅱ是发生部分动态再结晶阶段,此时有再结晶晶粒生成,随动态再结晶的逐渐加剧,软化作用大于硬化作用,于是曲线下降。阶段Ⅲ是试样全部为动态再结晶晶粒,加工硬化和再结晶软化达到平衡的稳态变形阶段,曲线接近于水平线。当应变速率较低时,与其对应的稳态变形阶段的曲线呈波浪形(如图 3-7b 曲线 2 所示),这是由于反复出现动态再结晶—变形—动态再结晶,即出现软化—硬化—软化而造成的。

一般认为热变形时起软化作用的主要是动态再结晶,动态再结晶要在很大的变形量下才能发生,即临界变形程度大,而且发生动态再结晶所需时间与温度密切相关,一般而言,温度越高所需时间越短。当热变形间断或热变形完成后,如果金属仍处于较高的温度中,此时金属将会发生静态回复和静态再结晶。

复习思考题

1. 冷变形时金属组织和性能有什么变化?
2. 热变形时金属组织和性能有什么变化?
3. 什么是组织强化效应,挤压效应的特征是什么?
4. 如何理解动态回复和动态再结晶?

4 压力加工中的外摩擦与润滑

4.1 外摩擦产生的原因及作用

金属压力加工时，发生在金属与加工工具相接触表面之间的，妨碍金属自由移动的摩擦，称为外摩擦。与外摩擦相对应的是内摩擦。内摩擦是指发生在金属内部的摩擦。

4.1.1 摩擦产生的原因

我们把两个相互接触的物体称为摩擦对（也称摩擦副），实验指出，摩擦对的表面，即便是经过精细加工，从微观上来看仍然是由无数参差不齐的凸牙和凹坑所构成，如图 4-1 所示。当其接触时，在摩擦对宏观相接触的范围（即摩擦场）内，直接接触的点很少，真正接触率只占摩擦场的 1% ~10% 。当这样的表面在载荷作用下相互接触时，不可避免地要发生凸牙和凹坑的相互插入。由于接触点很少，外加载荷虽很轻微，但所承受的压强仍较大，因此要发生凸牙和凹坑的相互插入并产生弹-塑性变形而彼此咬合。当摩擦对发生相对移动时，这种彼此咬合的凸牙和凹坑将阻碍摩擦对的相对移动，就构成外摩擦。

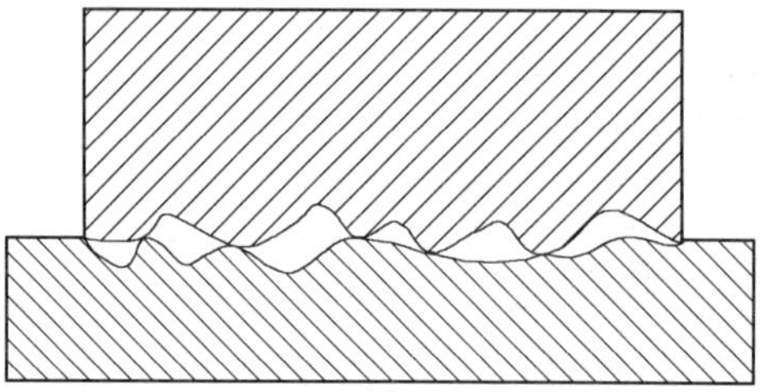

(a)

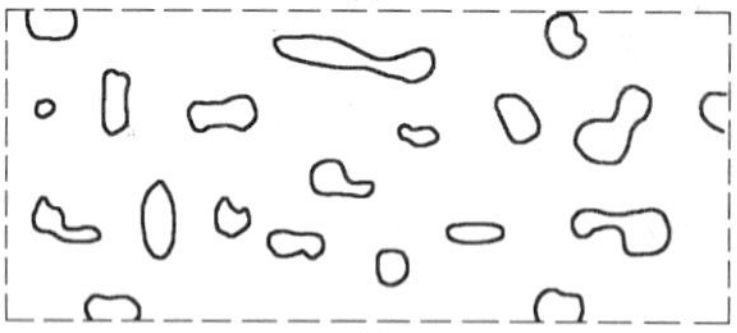

(b)

图 4-1 干摩擦时接触表面微观示意图

（a）主视图；（b）俯视图

根据以上理论，可以看出，当负荷增加时，相互插入的点越多，彼此咬合得越紧；当外力使之产生相对移动时，不可避免地要发生强度大的凸牙和凹坑切断或损坏强度小的凸牙和凹坑的现象，即产生常见的磨损。切断前要产生变形，而塑性变形要发热，切断也要生热，即出现摩擦生热。当摩擦对中的一个熔点较低时，可能发生低熔点金属被焊合在熔点高且坚硬的工具上的现象。由于凸牙和凹坑有一定高度，所以外摩擦不仅是个表面现象而且又与表面附近的金属组织状态有关。总之，金属塑性加工时的外摩擦是个极其复杂的现象，有待今后的深入研究。

4.1.2 压力加工中的摩擦特点

与一般机械摩擦相比，金属塑性加工时的外摩擦有其自己的特征：

(1)接触表面的压强大。金属压力加工时接触表面的压强比一般机械轴承中的压强大很多,热变形时接触表面的压强可达150～200 MPa,冷变形时接触表面的压强可达500～2500 MPa,而一般机械轴承中的压强只有50 MPa。由于压强大,使得接触表面的凸牙和凹坑相互咬合很紧,这就使得压力加工时的摩擦系数很大;由于压强大,工具与金属之间的润滑剂易被挤出,或被压成极薄的一层,这使金属压力加工时选择的润滑剂应具有其特殊性。

(2)接触表面不断更新,摩擦情况不断变化。金属塑性变形时,表面积在不断增大,内部的金属不断涌出,使接触表面的摩擦情况不断在发生变化;另外加工时工具表面也在不断受到磨损,这也使接触表面的摩擦情况不断在发生变化。以上两方面使得压力加工时的摩擦情况与机械轴承中的摩擦及一般传动中的摩擦截然不同。

表面的更新还表现在表面的氧化层不断变化、更新。例如,紫铜加热时,形成的氧化膜有两层,外层为疏松、黑色的CuO,内层为砖红色的Cu_2O;热轧时,外层的CuO脱落,内层的Cu_2O立即又会形成新的CuO,而这时的氧化膜则比较致密。

(3)工具和被加工金属的性质差别大。在金属压力加工时,工具与被加工的金属相比硬度、强度要大得多,一般,人们希望工具不发生弹性变形或发生极小弹性变形,而被加工金属相对柔软得多;二者的表面状态和机械性能的差别如此之大,也造成了摩擦情况的特殊性。

(4)接触表面温度高。在热变形时,接触表面的温度可高达1200℃,冷变形时,若冷却润滑不好时,同样会使局部温度上升。例如,在润滑不佳时,接触表面凹凸点因塑性变形切断而造成温升的典型数值:当速度为3 m/s,温度是300℃;当速度为10 m/s,温度是1000℃。这说明因塑性变形使接触表面温度变化剧烈,使摩擦情况有较大的变化。

4.1.3 外摩擦对压力加工过程的影响

在压力加工过程中,不可避免地要发生工具和变形金属间的摩擦,摩擦对压力加工过程的影响有两个方面:不利的影响和有利的作用。

不利的影响有以下几方面:

(1)加强应力及变形的不均匀分布。在金属压力加工时,由于接触表面摩擦的存在,改变了应力状态,当无摩擦影响时,为单向应力状态,正是有摩擦的存在,则呈现三向应力状态;同时,摩擦阻碍金属的塑性变形,此阻力在接触面的中部特别强,在边缘部分作用较弱,三向应力状态的强度由轴心至外层逐渐减弱,所以,摩擦引起了金属应力和变形的不均匀分布。

(2)使金属变形抗力增加,能耗增加。由于必须增加外力以克服摩擦对变形的阻力,所以摩擦的存在使金属的变形抗力增加、能耗增加。例如冷锻时,在一般操作条件下,因摩擦的加大而增加了30%的负荷。

(3)降低工具的使用寿命。一方面摩擦的存在会引起工具的磨损;另一方面摩擦使金属变形抗力增加,所以在工具内引起很大的应力;同时,摩擦会使接触面的温度升高,会降低工具的强度;温度的升高也使得变形金属发生软化,甚至熔化,出现黏结工具的现象。这些都会降低工具的使用寿命。

(4)摩擦影响产品的表面质量,并导致组织和性能的不均匀性。

除不利的影响外,摩擦在加工中有时也是必不可少的。它的有利作用表现在以下几方面:

(1)轧制时,增加摩擦有利于轧件被轧辊顺利咬入。生产中用此方法以强化轧辊的咬入条件,从而增加道次压下量。

(2)挤压时,因摩擦产生死区(见图4-2),可以将锭坯表面上的脏物集结于死区而保证制品的质量。

此外，在冲压杯形件时，要求冲头上有较大的摩擦力，以负担部分的拉应力，因而可采用较大的一次变形量。

总之，摩擦对加工的影响应具体情况具体处理分析。

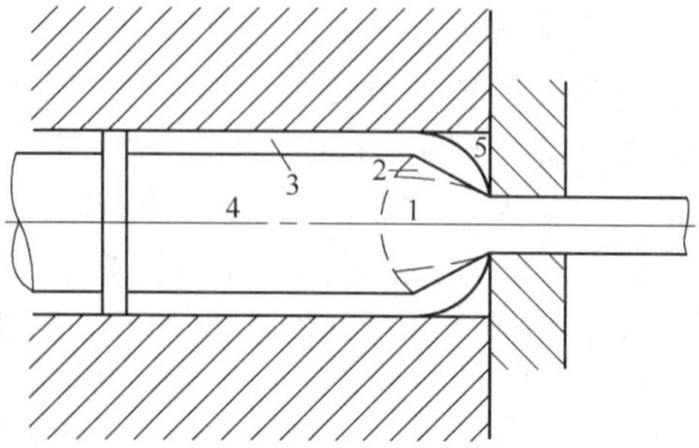

图 4-2　挤压时金属流动分区示意图

1—延伸变形区；2—压缩变形区；3—剪切变形区；4—未变形区；5—死区

4.2　摩擦定理及摩擦系数

4.2.1　摩擦种类

摩擦在金属压力加工过程中是一个复杂的问题。到目前为止，尚未完全揭示出有关接触摩擦的规律。加工中的摩擦属于滑动摩擦，一般滑动摩擦可分为干摩擦和湿摩擦（液体润滑摩擦）。

干摩擦是指在摩擦对接触范围内，不存在任何其他物质，二者处于完全直接接触状态。湿摩擦是指在相互接触的两个表面之间，存在着一层一定厚度的黏性介质，它将二者完全隔开而无任何直接接触的状态。上述两种摩擦状态均属理想状态。在压力加工生产中常使用润滑剂，因加工时接触压力很大，部分润滑剂将被挤走，使金属与工具表面之间仅保存一层薄薄的润滑膜（边界之间的润滑膜厚度一般在千分之一毫米以下），当摩擦对发生相对运动时，产生的摩擦称为边界摩擦。当压力进一步增大或润滑层受热等，使摩擦对之间既有相互的直接接触，也有通过润滑层的间接接触，此时的摩擦变为半干摩擦或半湿摩擦。

金属压力加工中的摩擦，当不使用润滑剂时，可认为近似于干摩擦；而使用润滑剂时，可认为是半湿摩擦。

4.2.2　摩擦定理

一般，工具与坯料接触面上的摩擦条件常采用以下两种定理：库仑摩擦定理和常摩擦力定理。

4.2.2.1　库仑摩擦定理

在干摩擦过程中，当摩擦对接触表面上其他条件相同时，则摩擦力和接触表面上作用的正压力成正比。即

$$T = \mu N$$

式中　T——摩擦力；

μ——摩擦系数；

N——正压力。

或写为

$$\tau = \mu \sigma_N$$

式中　μ——摩擦系数；

τ——平均摩擦应力；

σ_N——正应力。

上式表明平均摩擦应力与正应力成正比。其物理本质可以这样理解：在一定范围内，随着正应力的增加，摩擦对的凸牙和凹坑相互咬合很紧，使相切面随之增加，所以平均摩擦应力也相应增加。所谓相切面指的是由于摩擦力产生切应力的直接相互接触的表面。

4.2.2.2　常摩擦力定理

当正应力增加到一定值时，相切面加大到宏观的摩擦场，这时的摩擦应力也达到了金属开始塑性变形的最大切应力，则被加工金属上的外摩擦转变为内摩擦，此时两相互接触的表面产生了黏合而无相对滑动状态了。这时摩擦力变成常数。

$$\tau = \mu\sigma$$

在此情况下，摩擦力是一个常数，但摩擦系数不再是常数，而随正应力的增加而降低的一个变数，在0.5～0.577之间。

在金属压力加工过程中，接触表面的情况各不相同，如通过模孔的拉伸时，模壁与金属坯料间是属于常摩擦系数区；挤压时，挤压筒壁与金属坯料之间属于常摩擦应力区；轧制与镦粗金属试件时，接触表面的摩擦属于两区共存，既有常摩擦系数区，又有常摩擦应力区。

4.2.3　影响摩擦系数的因素

金属压力加工过程中的摩擦是时刻变化着的，总的说来，影响摩擦系数的因素有以下几方面：

(1)工具与被加工金属的表面状态。摩擦对的表面越光滑精度越高，摩擦系数越小。在考虑工具表面状态对摩擦系数的影响时，还要注意机械加工时，刀痕的存在使摩擦系数在各个方向各不相同，顺刀痕方向的摩擦系数可能比垂直刀痕方向的摩擦系数小，有时差值可达20%。

(2)工具与被加工金属的性质。两种金属彼此间的化学亲和力对摩擦系数的大小起重要作用，金属的弹性与强度越小，它的韧性越大，摩擦系数越大。热加工时，金属中所有能降低氧化皮熔点温度或促其软化的元素和杂质都可减小热加工时的摩擦系数；若氧化皮较脆，加工中破裂使金属表面袒露，则有利于金属黏结工具，而使摩擦系数增大。

(3)单位压力。随接触表面正压力的增加，凸牙和凹坑相互插入得越多，真正接触的面积越大，并增加彼此咬合的程度，因此，随单位压力的增加，摩擦系数是增加的。

(4)变形温度。变形温度是影响摩擦系数变化的因素中最积极、最活跃的一个。温度对摩擦系数的影响不是直接的，主要是它改变了金属表面的氧化情况以及材料接触压力变化所致。一方面随着温度的升高，可加剧表面的氧化而增加摩擦系数；另一方面随着温度的升高，单位压力降低，这又使摩擦系数降低。当温度升高到某个限度后，表面氧化物可能熔化从而变为液相，反而起到润滑作用，使摩擦系数降低。如图4-3所示。

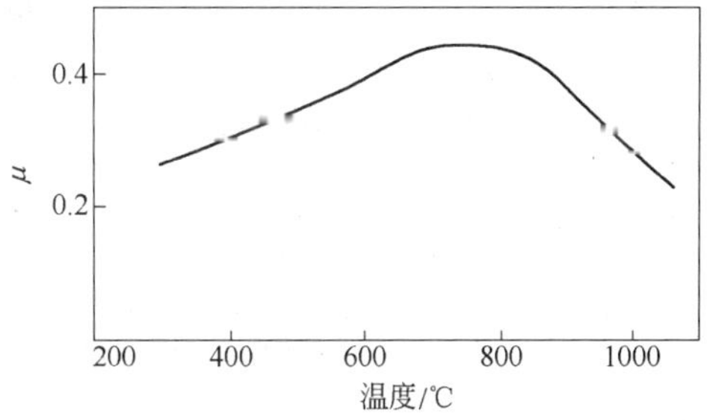

图4-3　摩擦系数随温度变化曲线

(5)变形速度。一般情况下，随变形速度的增加，摩擦系数有所下降。实践已证明：随着变形速度的增加，或者工具与变形金属相对滑动速度的增加，摩擦系数都有所降低。例如冷轧板材时，提高轧制速度，会使咬入条件变差，而较低的轧制速度，则有助于咬入条件的改善。实验测得，当轧制速度由0.1 m/s增加到5 m/s时，摩擦系数降低50%。其实，摩擦系数与变形速度的关系也是很复杂的。因为变形速度的不同影响到金属表面温度的变化。一般来讲，较低的变形速度造成摩擦系数较大的原因是，在低速时工具与金属表面接触的时间较长，接触表面之间能充分咬合；同时，金属表面的塑性变形能得到充分发展，形成新的表面较粗糙，因此使得摩擦系数增加。反之,当变形速度较高时,工具与金属表面之间彼此来不及紧密咬合,同时,由于变形热效应的作用,使金属强度降低,变形时单位压力下降,也导致了摩擦系数的下降。

(6)润滑剂。采用润滑剂时可显著降低摩擦系数,不同润滑剂所起的效果也不同。表4-1是金属在不同条件下冷轧时所测得的摩擦系数值。

表4-1 金属冷轧时的摩擦系数

金 属	无润滑	煤油润滑	矿物油润滑
钢	0.20~0.30	0.15~0.17	0.10~0.13
铜	0.20~0.25	0.13~0.15	0.10~0.13
铝	0.20~0.30	0.10~0.15	0.08~0.09
黄铜	0.12~0.15	0.06	0.05
锌	0.25~0.30	0.12~0.15	0.05

4.3 润滑的作用及常用润滑剂

金属压力加工时,无论是热变形还是冷变形,均需要润滑,虽然,不同的金属有不同的加工方法,所采用的润滑方法和润滑剂也不同,但是,其目的和作用却是一致的。

4.3.1 润滑的作用

(1)降低摩擦系数,降低变形时的能量消耗。由于在工具和被加工的金属表面之间存在着润滑剂,因而填平了表面的凹坑,同时形成了一层流动膜层,将工具和金属之间隔开,即使是在半湿摩擦的情况下,也显著地减少了工具与被变形金属之间的表面接触面积,大大地减轻了彼此咬合程度,所以使摩擦系数降低。

(2)冷却工具,控制工具的形状。一方面随摩擦系数降低,减少了热效应的产生,另一方面一般润滑剂都有冷却作用,这样,使加工中工具的尺寸、形状保持稳定,从而保证加工制品的质量。此外,生产板带材时,通过分段控制冷却润滑液的流量可以控制辊型,达到控制板形和横向厚差的目的。

(3)减少工具磨损,延长工具的使用寿命。在变形中,由于采用润滑剂,可使那些低熔点的金属难以黏结到工具上;另外,由于摩擦系数的降低,也减少了工具的磨损,这两方面都能延长工具的使用寿命。在金属压力加工中,工具的成本都是较高的,如轧辊、挤压模具等不但生产成本高,而且更换花费时间长,所以,延长工具的使用寿命对于压力加工生产来说是很重要的环节。

(4)提高产品质量,提高生产效率。由于摩擦系数降低,减少了金属变形中由于摩擦造成的不均匀变形,而均匀一致的塑性变形可以明显地提高金属的塑性,不但对产品质量的提高有利,而且可以增大道次加工量,减少加工道次,这就可以大大地提高生产效率。

4.3.2 压力加工生产对润滑剂的要求

基于金属在压力加工时,具有高温、高速、高压力等特点,以及金属在塑性变形过程中表面情况在不断地变化等方面的原因,所以,在选择及配制润滑剂时,必须注意以下基本要求:

(1)与摩擦对表面应尽可能有最大的亲和性,以保证能形成坚实而较完整的润滑层。

金属压力加工时，具有高温、高速、高压等特点，因此，要求润滑剂能抗高压，并能均匀附着且附着力较大，形成结实的润滑层。

(2)要求有适当的黏度，以保证润滑层有适当的厚度。对润滑剂来说，必须要有适当的黏度，使它渗入到金属表面的凹坑、工具与金属表面之间的缝隙而不被挤出，只有这样，才能起到良好的润滑作用。一般讲，润滑剂的黏度不能太大，因为黏度过大，其流动性差，反而影响了润滑的效果；而黏度过小，润滑剂从接触表面被挤出来的现象就越明显。

(3)不能腐蚀工具及变形金属。润滑剂在使用中不能对工具和金属产生腐蚀作用。对工具的腐蚀将会缩短工具的使用寿命，对金属有腐蚀作用，危害更大，因为有时金属加工后，润滑剂还残留在制品表面，由于腐蚀作用，将使成品报废。

(4)有一定的化学稳定性。有些润滑剂(如乳化液等)是循环使用，如果化学稳定性差，在较短时间内就产生了分解、沉淀，结果使大量润滑剂报废，增加了生产成本。

(5)燃烧后灰渣少、易清除。在压力加工中，都伴随有退火等热处理工序，加工时残留在金属表面上的润滑剂在退火时将会燃烧成为灰渣，如果燃烧后形成的灰渣多而且在金属表面上不易清除，特别是燃烧时有的与金属起化学反应，这些都将严重地影响成品的表面质量。

(6)润滑剂本身及其在使用过程中，应该是安全的，并不应产生有害的气体。

(7)冷却性能好。

(8)成本应当低廉。

显然，上述各点要求在实际中完全同时满足是有困难的，这就要分析在生产中哪一条是主要的基本要求，在着重保证了影响产品质量的关键条件后，再根据实际可能来考虑其他方面的条件。

4.3.3 常用润滑剂

根据金属压力加工生产的特点和对润滑剂的要求，目前所使用的润滑剂可分为：液体润滑剂、固体润滑剂、液固混合润滑剂和熔体润滑剂四大类。

4.3.3.1 液体润滑剂

液体润滑剂是金属压力加工生产中使用最广泛、最普遍的一种，它主要包括各种油类(矿物油、动物油和植物油)，以及乳化液等。对于热轧铜、镍及钢等也常采用水作为冷却润滑剂。

(1)油类。动植物油是从动物脂肪或植物种子中提炼出来的，如豆油、棉籽油、棕榈油、猪油、鲸油等，其分子一端为非极性的烃类，另一端则是极性根，故能在金属表面作定向排列而形成一定厚度、润滑效果良好的边界油膜，可大大降低摩擦系数。

矿物油是从石油中提炼出来的，如锭子油、变压器油等。它们由非极性的烃类组成，当它们与金属表面接触时只发生非极性分子与金属表面相互吸引的物理吸附作用，而与金属表面不发生任何化学反应。因吸附作用微弱，纯矿物油形成稳定润滑油膜的能力差，润滑效果欠佳，一般不单独使用，常以它作为基油，添加一些其他物质，以提高其润滑能力和其他使用性能。

总之，油类具有良好的润滑效果，但冷却性能差。动植物油是有效的工艺润滑剂，但来源有限、成本高，而且闪点高、不易挥发，燃烧后灰分多且不易去除，易污染产品，一般情况不宜单独使用。矿物油燃烧时易挥发，易去除，能保持产品表面的光洁。一般，油类用于冷加工中，在使用时要注意防火。因为即使是冷加工，由于局部的冷却润滑不良，也会使温度急剧升高，造成油燃烧，引起火灾。

(2)乳化液(简称乳液)。乳液是由油、水和乳化剂组成，是一种矿物油与水均匀混合的两相系。油和水本难以均匀混合，为使油能以小液滴悬浮于水中，必须加入乳化剂。乳化剂是一种表面活性物质，由易溶于油的亲油基和易溶于水的亲水基所组成。这两个基团不仅具有防止油、水两相相互排斥的功能，而且还具有把油、水两相连接起来不使其分离的作用。如图4-4所示。

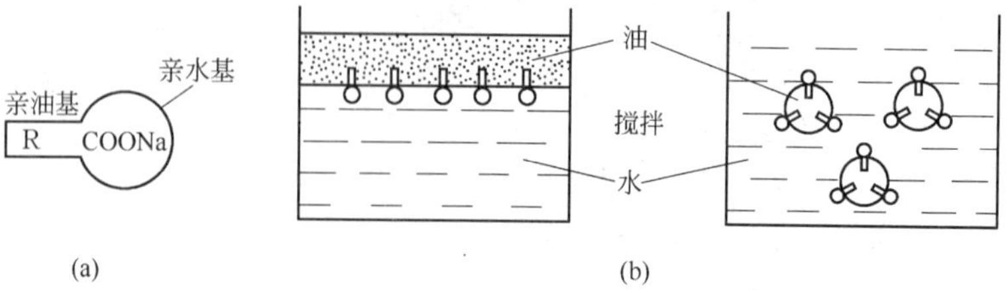

图4-4　乳化过程示意图
(a)乳化剂组成；(b)乳化过程

表面活性剂的作用，不仅是降低了油、水分界处的界面张力，提高了抗分层的稳定性，而且在油滴表面上由亲水基形成了黏性高、机械强度大的吸附层、可以提高油滴的润滑性。

乳液中水主要是起冷却作用，矿物油和乳化剂则起润滑作用，配制时要经过均匀的搅拌，使油滴调成极细的混悬颗粒状、且均匀地分布于液体之中。乳液主要用于冷轧、拉伸和深冲等加工过程，还可用于热轧，如铝及其合金的热轧。

铝、铜及其合金的热轧和冷轧中所使用的乳液组成大体相同，即基油为机油或变压器油80%～85%、油酸10%～15%、三乙醇胺5%左右配成乳膏，再与90%～97%的水搅拌成乳液供生产使用。

4.3.3.2　固体润滑剂

一般来说，凡是剪切应力比被加工金属小的任何物质，原则上都可以作为金属压力加工时的固体润滑剂。如软金属、金属氧化物、二硫化钼和石墨等结晶粉末，都可作为固体润滑剂。

工件表面镀铜作为润滑剂，是工业上常用的方法。铅很软，是管材深拉时最好的润滑剂之一，铅薄膜非常牢固地黏附在工件上，可连续经受多次大的变形而不需要重新润滑。石蜡也是良好的固体润滑剂，脂肪酸钠和脂肪酸钙等固体肥皂，是冷变形时广泛应用而且效果很好的润滑剂。

某些结晶的固体，特别是二硫化钼和石墨，一直到相当高的温度仍然保持很低的摩擦系数，所以二硫化钼和石墨是热变形时常使用的固体润滑剂。

二硫化钼是一种鳞片状晶体，其晶体结构为六方晶系的层状结构。每一晶体由许多二硫化钼分子层组成，每一个二硫化钼分子层又分为三个原子层（见图4-5），间层为钼原子层，上下为硫原子层，每一个分子层中的硫原子与钼原子之间的结合很强，而层与层之间，硫原子与硫原子之间的结合力很弱，所以分子层间是个低切应力平面。当分子层间受到很小的切应力作用时，沿着分子层很容易产生相对滑动(见图4-6)。这样，就将原来工具与金属间的摩擦转变成为二硫化钼分子层间的相对滑动，故可降低摩擦系数。这是二硫化钼具有良好润滑性的基本原理，也是固体润滑剂之所以能起润滑作用的共同机理。

石墨也是一种具有层状结构的高效能固体润滑剂，其晶体结构如图4-7所示，每层原子结合得很紧，层与层之间结合得较松，易于在层与层之间产生滑移。石墨具有很高的耐磨、耐压、耐高温、化学性能稳定等特性，其内在摩擦系数为0.09～0.11。

对于固体润滑剂，要求它附着力强，剪切抗力小，具有形成连续表面皮膜的能力，虽然，固体润滑剂使用温度范围较广，但其缺点是一般摩擦系数较高，表面皮膜寿命有限，且无冷却作用。

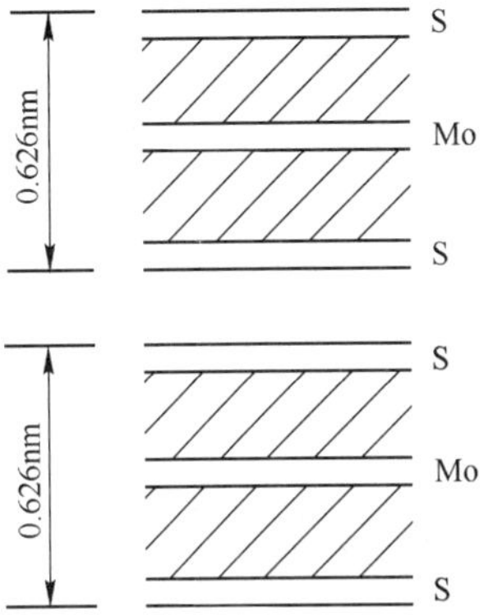

图 4-5 二硫化钼晶体层状结构示意图

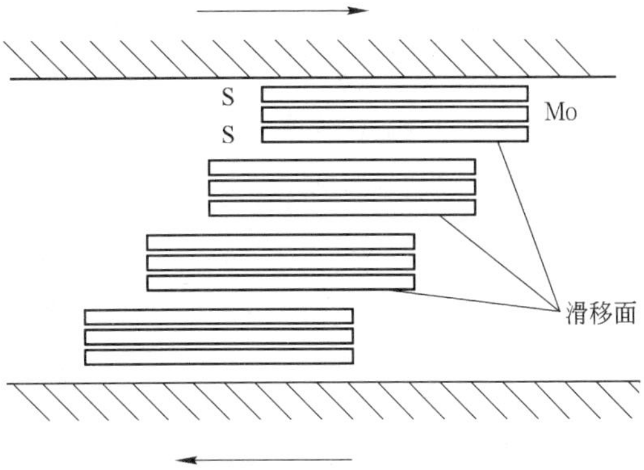

图 4-6 二硫化钼滑移示意图

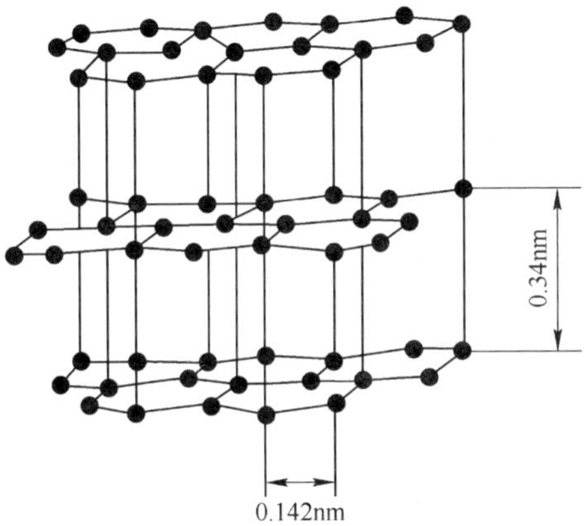

图 4-7 石墨的晶体结构

4.3.3.3 液固混合润滑剂

液固混合润滑剂是在液体润滑剂中加入适当的固体物质以增加其润滑性能。如在油类中加入石墨、云母、硫磺及滑石粉等都是液固混合润滑剂。

油类中加入上述各种固体粉末添加剂能够在摩擦表面上形成一层结实的润滑膜,以防被高压力挤走;同时,在单位压力很大时,所加颗粒状的填料又可作为渗透并分泌出润滑油于接触表面上的海绵体。

热挤压时,用含煤油、石墨的矿物油来润滑各种挤压工具。由于挤压轴、穿孔针等工具温度很高,涂上的润滑剂中的挥发物质及水分很快被烧去,这样就使工具留下一层粉状石墨,它能承受工作时的高温、高压而不会被破坏。热拉钨丝及钼丝时,采用石墨水中加入防止石墨沉淀的浮悬剂的混合液体作润滑。将它涂在金属丝上,在金属丝加热进入模孔前,因水分蒸发而在金属丝上留下一层薄而均匀的石墨,它可以承受很高的压力。

4.3.3.4 熔体润滑剂

熔体润滑剂是出现较晚的一种新的润滑方法,其实质是当润滑剂与温度很高的变形金属接触而熔化时,它可以在金属表面上形成液体薄膜而达到润滑的目的。如热挤压某些高温金属及合金时，常采用沥青和玻璃等作为润滑剂。

玻璃润滑剂常以粉末、细丝、玻璃布等形式来使用。玻璃具有黏性强、熔点高、抗压强度大，且导热性较差的特点，在高温下变成熔化了的玻璃膜，可以显著地降低摩擦系数，这样，不但可以提高挤压制品的质量，而且可以明显地延长工具的使用寿命。

复习思考题

1. 压力加工时摩擦是如何产生的?
2. 压力加工中的摩擦有什么特点?
3. 摩擦在压力加工中有哪些作用?
4. 干摩擦定理的数学表达式及其物理本质是什么?
5. 压力加工中影响摩擦系数的因素有哪些?
6. 润滑在压力加工中的作用有哪些?
7. 压力加工中所使用的润滑剂有哪几类，液体润滑剂中的乳液为什么具有良好的润滑作用?

5　不均匀变形

5.1　基本概念

塑性变形不均匀以及变形时金属内部应力分布的不均匀，是金属压力加工过程中最常见、最普遍的现象，它既影响到产成品的组织性能，也使压力加工工艺变得复杂。

5.1.1　均匀变形与不均匀变形

若变形区内所有的金属质点或各个微小体积内的变形状态都相同，亦即该点各个轴向上变形的发生情况、发展方向及对应的变形量的大小都是相同的，那么可以认为，在变形区内金属的塑性变形是均匀的，这时金属所处的变形状态就叫均匀变形状态。也就是说，变形前彼此平行的直线和平面，在变形后仍然保持平行，变形前位于同一面上或同一球面上的各点，变形后仍然落在同一椭圆面上或同一椭球面上。不符合上述情况的，统称为不均匀变形，或者不均匀变形状态。

这种理想的均匀变形情况只可能在下列条件下才能够实现：

(1)变形金属在各个方向上其组织结构，性能都是一致的。

(2)在变形时，金属任意质点处的温度、应力状态及硬化情况等都相同。

(3)在整个变形区内金属任意质点在任何瞬间都承受相同的绝对变形量和相对变形量。

(4)金属同时全部都处于变形区内，不存在刚端影响。

(5)接触表面上没有外摩擦的存在。

从上面这些条件可以看出，实现均匀变形是相当困难的，特别是在压力加工时，不存在外摩擦是不可能的，所以，在实际生产中理想的均匀变形状态根本就不存在。

金属压力加工过程中不均匀变形的例子随时可见。例如，圆柱体镦粗时出现的鼓形，挤压出的棒材的前端突出，拉伸的棒材尾部的凹入，板材轧制时出现的舌头和鱼尾以及波浪等，可见压力加工中不均匀变形是客观存在的。金属塑性变形的不均匀，从宏观上来说，主要是由于在压力加工过程中，坯料与工具的形状一般是不一致的，另外，还有外摩擦的作用，致使变形区内金属所受的应力分布不均，在不同部分间，塑性变形的先后、变形程度大小、速度快慢都不相同。从微观上来看，金属结构本身就是不均匀的。因此，塑性变形过程始终是不均匀的。在某些情况下，如锻压时，金属性能均匀，且摩擦极小时，此塑性变形接近均匀变形。此外，在金属塑性变形的研究中，可把变形区分成许多小体积，并假定每个小体积的变形是均匀的。总之，均匀变形是相对的，是加工行业所追寻的目标。

5.1.2　基本应力与副应力

在第1章中已经讲到，基本应力是在变形过程中，由外力引起的与外力相平衡的应力。副应力是在变形过程中，由于变形发展的不均匀，而金属的整体性又限制了这种不均匀变形的自由发展，从而在变形金属内部产生的自相平衡的应力。通常，金属在塑性变形时，由于不均匀变形，在其内部基本应力与副应力同时存在，此时实际工作应力应为基本应力与副应力的代数和。如果变形均匀，则副应力为零，工作应力等于基本应力。

在塑性变形中，基本应力的作用是使金属物体处于应力状态并使金属产生塑性变形。其特点是当外力除去后，基本应力也随之消失。而副应力是由变形不均匀所引起的，变形的不均匀状态存在，它就始终存在，并且变形后它不会消失，残留在变形金属内形成残余应力。因而在变形中，由于副应力的出现，会使金属内部的应力发生改变。如挤压时，其基本应力为三向压应力，由于挤压筒与金属间的摩擦，使得表面层金属的流动比中心层慢，这种流动的不均匀在金属内部形成副应力，表面层金属的流动慢受拉副应力，中心层金属的流动快受压副应力（见图 5-1a）。当摩擦很大时，可使实际工作应力图中出现拉伸应力分量，如图 5-1b 所示，当坯料所受拉伸应力分量的数值超过了金属的强度极限时，可造成表面的破裂，实际生产中在挤压制品表面会出现周期性的裂纹。

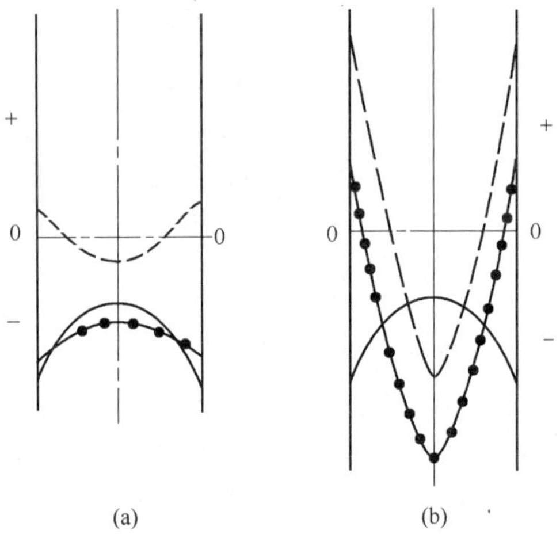

图 5-1　挤压时的应力分布
（a）副应力较小时；（b）副应力较大时
——基本应力；----副应力；-●●●●-工作应力

5.1.3　研究不均匀变形分布的方法

目前，研究金属塑性加工过程中变形金属内应力及变形的实验方法很多，而且随科学技术的发展会不断完善。

5.1.3.1　网格法

网格法是研究压力加工中金属变形分布和质点流动使用最广泛的一种方法，既适合于冷加工也适合于热加工。该方法是在变形前试件的表面或某个断面上画上正方形网格，（或在正方形网格内画上内切圆）然后使其变形，测定变形后的试件上网格尺寸，进行计算和分析，就可以确定变形金属各处的变形大小及分布。利用这些曲线和图形，可以评定某个具体变形过程中各个变形参数的优劣，也可判断工具模具设计的合理与否，为今后的改进提供可靠依据。

5.1.3.2　硬度法

金属在冷加工中，由于加工硬化随变形程度的增加，其强度、硬度增加。因此，可根据变形金属各处硬度的不同来判断其各处变形程度的大小，从而研究变形的不均匀性。图 5-2 显示的是铝合金冷镦粗后其垂直断面上洛氏硬度的分布，由此可看出其变形的分布。

硬度法是一种近似的定量法，因为只有那些对硬化敏感的金属，其硬度才能随变形程度的增加而显著增长。另外若试件原始组织不均匀，各处硬度不均，也使数据难以精确，此外，还应注意硬度值的变化与变形程度的关系也是非线性的。

5.1.3.3 晶粒大小比较法

预先的变形量与再结晶退火后晶粒大小的关系如下：冷变形量越大，再结晶后晶粒越细小。因而根据冷变形后经过再结晶退火后试样各处晶粒的大小，可以判断金属变形分布情况。此方法只能做定性分析。当变形程度较大时，随变形程度的增加，晶粒大小的变化已不明显，此时晶粒大小比较法将不能适用。

研究变形与应力分布的方法，除上述常用的几种外，还有螺钉法、云纹法、偏光光测法等。

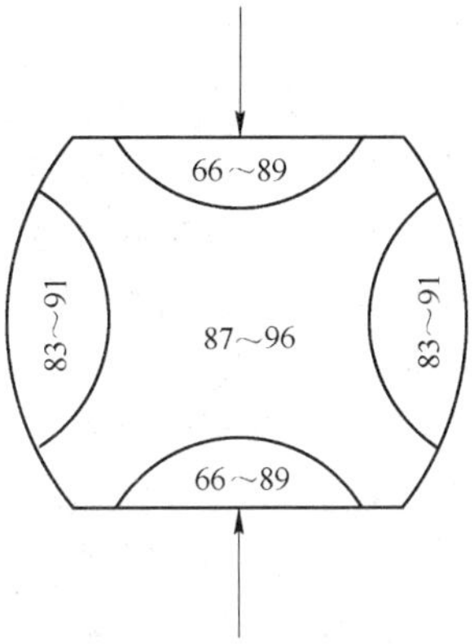

图 5-2 铝合金冷镦粗后垂直断面上洛氏硬度的分布

5.2 不均匀变形的典型现象

在金属压力加工生产的各种方法中，金属变形不均匀的表现是各种各样的，但就其本质来研究，也有一些共同的规律，下面通过平锤下镦粗圆柱体试件来说明这些规律。

5.2.1 单鼓的形成

平锤下镦粗圆柱体试件时，当试样的直径与高度相差不大时，变形能够深透到整个试样。而在工具与试样端面相接触处，由于摩擦的影响，变形受到阻碍，变形困难。离上下表面较远的中心部分变形发展得很快，变形量要比上下表面附近大得多。所以，在镦粗时，由于中间部分变形量大，而形成了单鼓，如图 5-3 所示。

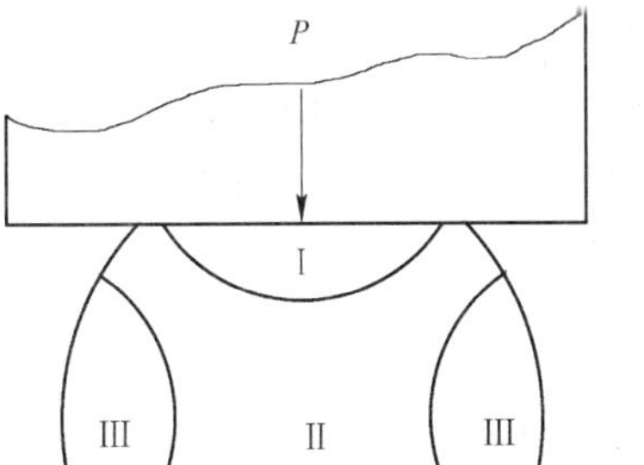

图 5-3 圆柱体镦粗时的变形及分区

在此情况下，可将变形金属整个体积大致分为三个区，Ⅰ区靠近端部，在这个区域里，由于处于接触表面的中心附近，受接触表面摩擦的作用及周围金属质点的阻碍，使变形的发生、发展都很困难，所以变形量很小，称为难变形区。此区力学上的特点是承受强烈的三向压应力，而且静水压力值高，几乎不变形。Ⅱ区基本上处于圆柱体的中心位置，它与作用力约成45°角，是产生滑移与发展变形的最有利方位，变形的发生、发展都很快，称为易变形区。此区承受较强的三向压应力，但静水压力值较低，离接触表面稍远，阻碍变形的体积也较少，故此区最有利于滑移的产生，而且变形发展的条件也最好。Ⅲ区靠近圆柱体的侧表面，由于摩擦对它的影响较小，又没有其他金属质点的阻碍，其变形比较自由，故称之为自由变形区。此区变形比较均匀，变形介于Ⅰ区和Ⅱ区之间。当圆柱体刚开始受压缩时，此区的应力状态近似一向压应力，随变形过程的继续，由于变形金属逐渐形成明显的鼓形，使柱体的环向产生拉应力，所以，Ⅲ区在变形过程中所承受的是一拉一压的应力状态。环向产生的拉应力随变形程度的增大而加大，当其超出金属强度极限时，就造成侧表面的破裂。为减少或避免这种后果，总原则是：减少鼓形的程度并造成最有利的三向压应力状态，可采用下列措施：(1)选择合适的径高比；(2)尽量减少接触表面的摩擦；(3)造成非自由变形状态，如对低塑性金属可用加外套的方法等。

5.2.2　双鼓的形成

实验表明，平锤下镦粗圆柱体试件时，当试样高度较大[(H/D)远远大于1]且变形程度又较小时，变形难以深透到整个试样，往往只产生表面变形。即变形发生在表面附近，离上下表面较远的中心部分几乎不变形，变形量很小；而在接触表面，由于摩擦的影响，变形受到阻碍，变形量也较小；只有两个次表层变形既能深透，受摩擦阻力影响又小，变形量最大，形成了双鼓形，如图5-4所示。

5.2.3　侧面翻平

在镦粗圆柱体试件时，除试样出现鼓形外，还出现侧面金属局部地转移到接触表面上，这种现象称为侧面翻平。如用端面涂颜色的金属块镦粗时，可以看到试样端部接触表面出现无颜色的新外环。由此可见，变形后接触表面的增大，一方面是由于接触面上质点的移动，另一方面也是由于金属从侧面局部转移到表面的结果。

当摩擦系数越大时，接触表面上的金属质点越不易滑动，因而侧面翻平越明显，而且随变形程度增加而减小。试样高度越大，侧面金属越易于转移到接触表面上来。

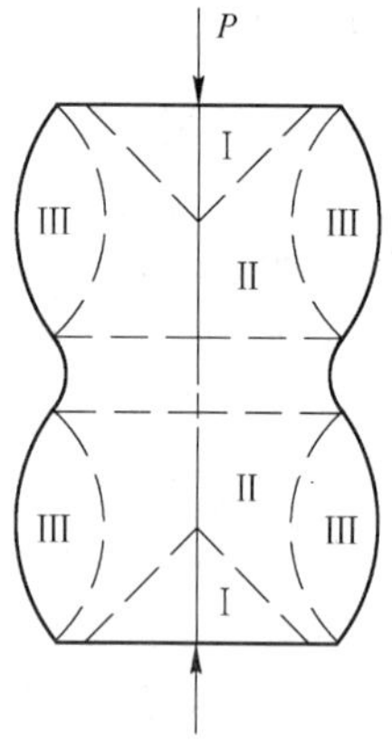

图5-4　圆柱体镦粗时的双鼓形

5.2.4　黏着现象及难变形区

在不均匀变形的某些情况下，接触表面面积的扩大主要靠侧面翻平，这时接触表面上的金属质点相对于工具完全不产生滑动，出现所谓黏着现象。这个表面上不产生滑动的区域，称为黏着区；若黏着区的面积等于整个接触表面面积，则称为全黏着。实际的金属压力加工过程中，产生全黏着的现象很少，总有一些相对滑动，即在整个接触表面上既有滑动区又有黏着区，因而使接触表面摩擦力的表现形式十分复杂。

黏着区与滑动区的大小，对轧制和锻造过程而言，受接触表面摩擦系数、变形区形状因子的影响。

摩擦系数越大，坯料高度与原始接触表面某尺寸的比值(如 H/D, H/B, H/l——变形区形状因子)越大时，黏着区越大，即坯料高度越高，而变形区的长度 l 或宽度较小时，最容易产生全黏着，这时接触表面的扩大，主要靠侧面翻平。

当摩擦系数一定时，$H/D(H/l)$越小则黏着区越小，此时，接触表面上既有部分黏着区，又有很大的滑动区，接触表面的扩大既靠侧面翻平，又靠表面本身的扩展。

随H/D的减小，侧面翻平部分越来越小，表面滑动区域越来越宽，最后，当H/D减小到一定限度时，在某个一定的摩擦系数下，黏着区逐渐变为零，接触表面的扩大，几乎全靠表面本身的滑动，接触表面全部为滑动区，此时的锻造或轧制过程也趋于均匀变形状态。如轧制冷轧薄板时，润滑良好时就可以认为是这种情况。

黏着区是接触表面变形困难的区域，在这里，金属质点没有产生塑性变形、或者塑性变形很小以致可以忽略不计。由于金属的相互牵制，以黏着区为底的深入到变形金属内部一定深度的圆锥体或近似圆锥体，这部分金属质点的变形也较困难，称为难变形区，例如，在镦粗平行六面体试件时，当有黏着现象存在时，上下接触面附近的难变形区如图5-5所示。

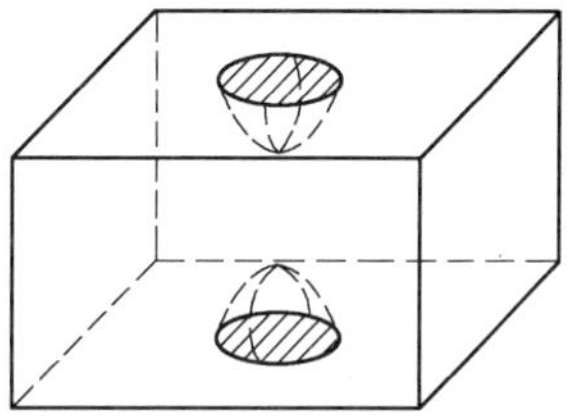

图5-5　平行六面体镦粗时的黏着区及难变形区

5.3　不均匀变形产生的原因

要解决生产中有关变形不均匀的问题，必须先了解产生不均匀变形的原因。影响变形不均匀的因素主要有：变形金属内部组织结构不均匀、温度分布不均匀、接触表面的外摩擦、变形区的几何因素、工具和金属的轮廓形状、刚端的作用等。

5.3.1　变形金属内部组织结构不均匀

当金属内部化学成分、杂质、组织及加工硬化等不均匀分布时，就会使金属内部各处的变形抗力等力学性能分布不均，这就使得变形的发生、发展不一致，使变形金属产生应力及变形的不均匀分布。如在一些复合板轧制时，由于各层金属性能不同，变形难易不同，因而产生不均匀变形。

5.3.2　变形金属内部温度分布不均匀

变形金属的温度分布不均也是造成变形和应力分布不均匀的重要因素。一般情况下，同一金属中，温度高的部分变形抗力低，容易变形，温度低的部分变形抗力高，难以变形。而变形金属又是一个整体，因而在金属内部就产生了副应力，延伸大的部分产生压副应力，延伸小的部分产生拉副应力；此外，由于变形金属内部温度分布不均匀，还产生金属不均匀的膨胀，从而引起附加热应力。这两种应力叠加的结果，可能会使变形金属内部的某些区域产生较大的拉应力，对塑性低的金属，在这些区域将造成断裂。

热轧前加热，如果加热时间不足，铸锭内外温差较大，表面温度高，内部温度低，轧制时，表面变形大于中间变形，变形不均匀，使得中心层受拉副应力，表面层受压副应力，当金属塑性较低时，易出现中心裂纹。此外，如果铸锭上下温度不均，使得上下层变形不均，容易出现缠辊现象。

因而在加工中，保证变形金属各处的温度均匀，是实现均匀变形的重要条件之一。

5.3.3　接触表面的外摩擦

镦粗圆柱体试件时，如果接触表面上无摩擦，且金属性能均匀，则发生均匀变形。由于接触表面上摩擦的存在，使接触表面附近金属流动困难，变形量较小，变形后成为鼓形。

由于摩擦的影响，也使得接触面的应力分布不均匀（见图 5-6）：由试件边缘到中心，应力逐渐升高。即越靠近中心的金属在受力流动时所受阻力越大。

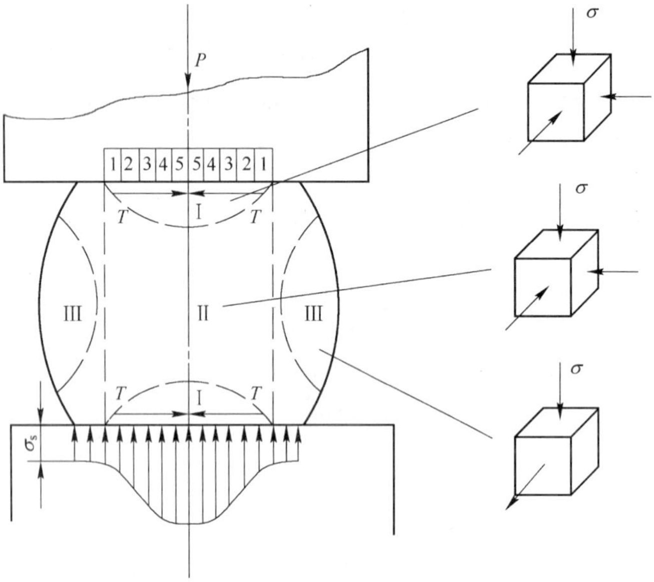

图 5-6　镦粗时摩擦对变形及应力分布的影响

此外，由于外摩擦引起不均匀变形时，还常常发生侧面翻平现象，接触表面上摩擦越大，金属表面质点流动越困难，越不容易产生相对滑动，因而侧面翻平现象将更显著。

5.3.4　变形区的几何因素

加工时，由于变形区的几何因素不同，变形的发生情况也不同。如前所述，平锤下镦粗圆柱体试件时，当试样的直径与高度相差不大时，形成了单鼓；当试样高度较大且变形程度又较小时，形成了双鼓形。

变形区的几何因素还影响接触表面黏着区的大小：随 H/D（或 H/B，H/l）的增大，黏着区越大。接触表面上的外摩擦越大，黏着区也越大。当外摩擦较大，且 H/D 的比值大到一定数值后，接触表面上的金属质点完全不产生滑动，产生全黏着现象。

当摩擦系数一定时，随 H/D 的减小，黏着区减小，接触表面既有黏着区，还有一定的滑动区。当外摩擦较小时，且 H/D 的比值减小到一定数值后，接触表面上的黏着区可能完全消失，接触表面完全由滑动区组成。

5.3.5　工具和变形金属的轮廓形状

在金属压力加工时，如果工具和变形金属的轮廓形状不一致，就造成变形金属某个方向上的流动不一致，因而使变形分布难以均匀，且一般情况下，两者不一致的程度越大，对变形不均匀的影响也越大。型材轧制时孔型对变形不均匀的影响要比平辊轧制时辊型的影响大得多。型材轧制时，因这种变形的不均匀易造成轧件的歪扭或扭结。同样，平辊轧制板带材时也会因辊型不当，而使轧件变形后形成“舌头”、“鱼尾”，或中间波浪、边部波浪。

如热轧铜及铜合金时，若原始辊型采用没有凸凹度的平辊，由于高温金属一直与轧辊中部相接触,轧辊会发生不均匀热膨胀,实际辊型为凸型(见图5-7),这样势必造成板材宽向上延伸的不一致,中间延伸量大于边部,产生不均匀变形,使边部产生拉副应力,中间产生压副应力变形后形成“舌头”。因而重有色金属的热轧辊的原始辊型通常采用凹型辊。

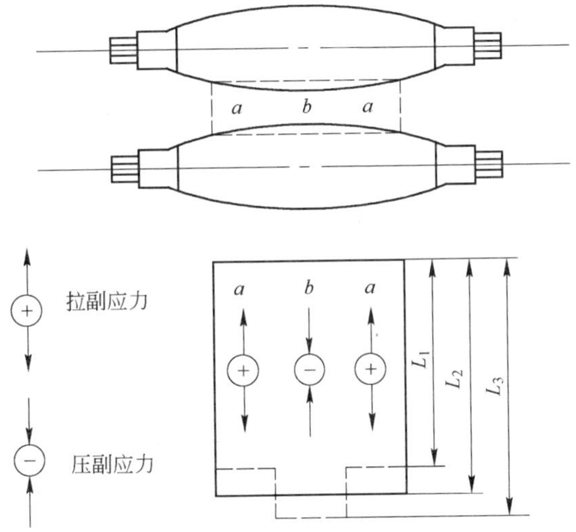

图5-7　凸型轧辊轧制板带材的情况

L_1—若边缘部分自成一体时轧制后的可能长度;L_2—整个轧件轧制后的实际长度;
L_3—若中间部分自成一体时轧制后的可能长度

5.3.6　刚端的作用

刚端是指变形过程中其瞬间不直接承受工具作用而处于变形区以外的部分。由于不变形的刚端与变形区直接相连,所以,在变形过程中它们之间要发生相互作用,金属的变形、应力及速度分布都受刚端的影响,反之,它们又影响刚端,这种相互作用还波及到与变形区相连的一定区域。

如纵向上有刚端的试件在镦粗时,由于表面摩擦的影响,试件沿高向变形不均匀,根据体积不变定律,这种高向变形不均匀会导致纵向、横向变形的不均匀。即在高向变形大的部位自由延伸与宽展也大,在高向变形小的部位自由延伸与宽展也小。由于金属是一个整体,这种纵向的自由延伸会受到刚端的限制,使纵向延伸趋于一致。所以,刚端使纵向变形有强迫“拉齐”的作用。由此可见,由于刚端的强迫“拉齐”作用,使纵向变形不均匀性减小,横向变形的不均匀性增加。

现在用平截面图形做进一步分析。如图5-8所示,当无刚端压缩时,$ABCD$变形后要变成$A_1B_1C_1D_1$的形状,而在有刚端影响时,将变成$A_2B_2C_2D_2$的形状。所以,发生这种变化,是由于在刚端的强迫“拉齐”作用下,沿宽度的中间部分将出现纵向附加压应力,使其延伸减少;而在边部出现纵向附加拉应力,使延伸增加,结果使纵向变形趋于均匀。若从横向变形来看,在邻近刚端的部分,除受到摩擦阻力外,还受刚端的影响,使之不能自由横向流动,并且距刚端越远此影响越弱,从而加剧了横向变形的不均匀性。

轧制时由于刚端使纵向变形的不均匀性减小,对纵向变形有强迫“拉齐”作用,使高向变形大的部位(宽展也大)受纵向压应力作用,被迫宽展(宽展量更大);高向变形小的部位受纵向拉

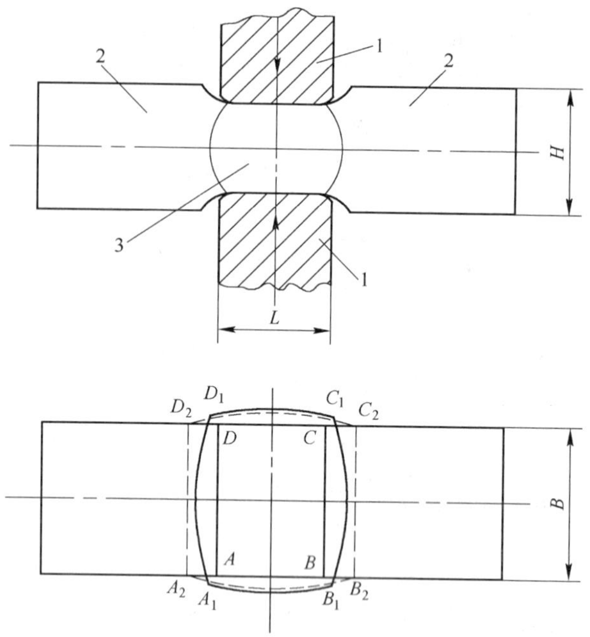

图 5-8　局部压缩时刚端对变形的影响

1—工具;2—刚端;3—变形区

应力作用,使轧件宽度减小(宽展量更小),使横向变形的不均匀性增加。

5.4　不均匀变形造成的后果

金属塑性变形时,由于变形的发生、发展的不均匀,不但会使试件的外形歪扭、引起宏观的破裂,造成继续压力加工的困难,而且还会造成试件内部的应力分布不均,并引起制品内部性能的不一致而恶化产品质量。

5.4.1　不均匀变形造成的后果

(1)引起应力状态的改变。基本应力使金属处于应力状态并使其产生塑性变形,它只与变形金属所处的条件有关,是产生变形的主应力,故称为基本应力,它的特点是外力除去后就消失。在实际变形过程中由于不均匀变形产生副应力,副应力的出现影响了金属的应力分布,所以在实际变形过程中金属所承受的实际工作应力是基本应力和副应力的代数和。

当平辊轧制厚锭坯时,由于变形不能深透而限于表面层(见图 5-9),使表面层的延伸很大,中心层没有变形而不伸长,但由于变形金属是一个整体,彼此间紧密联系着,因此,中心层阻碍表面层的自由伸长而给它一个压副应力,反之,表面层要伸长又给中心层以拉副应力,这样就在变形金属内部产生了成对存在的压、拉副应力。此时,在实际的变形过程中,金属所承受的应力是基本应力和副应力的代数和,可见,副应力会明显地改变金属的应力状态。

(2)使金属的变形抗力升高,塑性降低。当变形不均匀时,金属内产生相互平衡的副应力,继续变形时,必须克服副应力的影响而多耗一部分能量,从而使变形抗力升高。另外,由于金属内部存在着不均匀分布的应力,金属已处于受力的不稳定状态,特别是拉伸应力的出现和加强,当继续变形时,很容易使某处的工作应力超过了金属的强度极限,金属产生裂纹,因而金属塑性

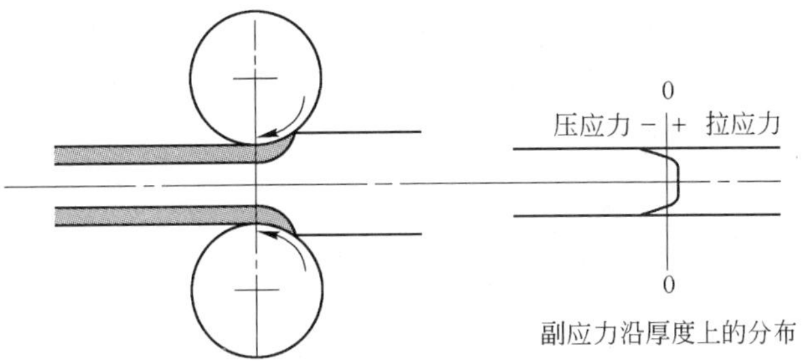

图 5-9 平辊轧制时不均匀变形示意图

降低。

(3)使产品质量降低甚至变成废品。由于不均匀变形而造成金属内各个部分的变形量不同,使得金属内部的组织结构、硬化情况都有所不同;这样的加工制品如果进行再结晶退火,由于再结晶后晶粒的大小与原来所承受的变形量大小有关,变形量不同,其退火后的晶粒大小也不同,组织结构也不一致,造成材料性能的不均匀一致。

如果变形明显地不均匀,会使制品产生歪扭、皱折、波浪等。例如轧制板材时,如果两边的延伸不一致,就会产生镰刀弯,如果由于摩擦的不一致导致上面与下面变形的不均匀,就会出现上弯或下弯。当轧制薄带时,有时辊型控制不当,就产生荷叶边(边部波浪),或中部出现波浪纹等。再如挤压时基本应力状态图分析,并不存在引起制品破坏的拉伸应力,但由于变形不均匀产生的副应力在起作用,使锭坯表层承受拉伸应力分量,当此应力超过了金属的强度极限时,就会引起锭坯表层的破裂,因而在挤压生产中,有时制品会出现周期性裂纹。所有这些缺陷都将造成产品缺陷甚至报废。

(4)使技术操作复杂。因金属内部变形及应力分布不均匀,使加工工具各部分受力不同,从而使工具的弹性变形量不一致,工具的磨损和发热等不均匀,使工具的设计、制造、使用和维护工作复杂化,并给操作带来很大困难。

(5)变形后副应力残留在金属中,形成残余应力。副应力是由变形不均匀所引起的,变形的不均匀状态存在,它就始终存在,并且变形后它不会消失,残留在变形金属内形成残余应力。

5.4.2 减轻变形不均匀的措施

金属在塑性变形过程中,产生不均匀变形是不可避免的。生产中为了提高产品质量,减少由于不均匀变形给产品质量带来的不良后果,避免使加工过程的操作困难和复杂化,需要在金属塑性变形过程中采取有效措施来尽量减少不均匀变形。

造成金属不均匀变形的原因有内因和外因两个方面,内因是指金属的化学成分、组织结构的均匀程度;外因包括变形时的温度、变形制度、外摩擦、工具及金属坯料的几何尺寸等。所以,要减少不均匀变形也需要在相应的方面采取措施:

(1)尽可能保证变形金属的化学成分和组织结构均匀一致。这首先要从提高熔炼与浇铸质量方面着手,以得到一个化学成分均匀、组织结构一致的高质量铸锭;其次,对铸锭在压力加工前进行适当的机械处理和均匀化退火处理,进一步改善其化学成分和性能的均匀性,为减少不均匀变形创造一个良好的先决条件。

(2)正确地选定变形工艺。变形工艺条件一般包括变形温度、变形速度和变形程度等。合理地确定变形时的工艺制度是实现均匀变形的一个重要条件。

合适的变形温度应保证金属能够在高塑性区完成塑性变形过程，尽量使变形在单相区完成，并且要求尽可能保证金属在加热及变形过程中整个体积内温度均匀一致。如果坯料内部的温度不均匀，将使其各处的性能不均，从而加剧了变形的不均匀。此外，随着变形温度的降低，软化过程若不能充分进行，就要残留部分加工硬化，因此，在热变形时，即使能保证在单相区完成，其变形温度也不能低于一定范围。

但是，在有的加工方法中，也应用温度对金属变形抗力的影响关系来调整金属的变形过程。例如挤压时，由于挤压筒壁与坯料表面存在着摩擦，使金属变形的不均匀程度增加。如果在挤压前将挤压筒加热到一定温度，使坯料的温度略低于挤压筒温度进行挤压，由于坯料表面温度高于内部，使得表面层变形抗力有所降低，这时，整个坯料变形时的金属流动情况比温度一致时要均匀些。

下面以镦粗圆柱体试件为例，来说明如何正确地选定变形速度制度。因为随着变形速度的增加，圆柱体试件的变形在很大程度上集中于接触表面附近，所以，在镦粗高度和直径比值很大的试件时，在速度较小的压力机上进行是合适的。速度较小时，会促使变形向深度充分渗透，使试件的变形不均匀减少。而在镦粗较小的试件时，则应采用较大的变形速度，这可使试件的鼓形程度减小。上述原则，对加工塑性较低的合金时更应注意考虑，否则，由于变形速度选择不当加剧了变形的不均匀，会产生环向拉副应力，使试件侧表面产生裂纹。

在冷变形时，变形程度对变形的不均匀程度是有明显影响的。因为随着变形程度的增加，金属的加工硬化也越来越严重，继续加工时，变形的不均匀程度也在加剧，甚至出现裂纹。所以冷变形时，一定要正确选定两次退火间的总变形程度。

(3)合理设计和选择加工工具形状。要正确地设计与选择模具、轧辊辊型、孔型及其他加工工具，使其形状与坯料的断面很好配合，以保证金属坯料在同一方向上的变形量各处尽量均匀一致。例如热轧薄板时，由于在轧制过程中轧辊中间部位温升较大，使轧辊的辊身变成凸型，为使轧件沿宽度方向上的压下量均匀一致，应将轧辊原始辊型设计成凹型，这样在热轧时，中间受热膨胀，正好使辊身平直。如果辊型设计时凸度控制不当，在热轧时由于辊身热膨胀使轧辊仍然变成凸型，就会使板材在宽度方向上中间变形量大，而边部变形量小；若在热轧时，虽然辊身热胀，但由于原来凹度过大而不能变平直时，就会使板材沿宽度方向上中间变形量小，边部变形量大。

在冷轧时，金属的变形抗力较大，轧辊中部产生弹性弯曲和弹性压扁，故将轧辊设计成凸型。实际生产上，往往使用简单断面形状（方形或矩形断面）的坯料，加工成各种复杂断面形状的成品，因此不均匀变形是不可避免的。只是开始道次坯料的温度较高，塑性较好，不均匀变形可以大一些，越往后，由于变形温度在下降、硬化的残留和变形抗力的升高，不均匀变形应当越小，最后几个道次应力求实现均匀变形。只有这样，才能保证产品的形状正确、尺寸精确、组织性能均匀。

(4)尽量减小接触表面上外摩擦的有害影响。生产中应注意提高和保持工具及金属表面的光洁，采用最适宜的润滑剂，以降低摩擦系数，减小和消除难变形区，使变形不均匀性减少。如在镦粗塑性较低的金属时，可将锻坯端面事先做成凹锥形，并采用相应形状锤头压缩以减小和消除难变形区，也有采用超声振动加工法，以减轻接触面积的实际接触强度来减少外摩擦的影响。

5.5　残余应力

有塑性变形就一定伴随有不均匀变形的现象产生，有不均匀变形就会出现副应力，在塑性变形后，副应力仍然留存在制品内部，这时的副应力就被称之为残余应力。制品内存在的残余应力和副应力一样总是严格对称地存在，处于静态平衡状态。

实际上,残余应力在制品内的分布状态也是三向的,在研究残余应力时,由于三向应力测定困难、分布十分复杂,而残余应力又是对称存在的,所以,只考虑一个方向上的情况即可明确其性质与作用。

5.5.1 残余应力的种类和来源

由于不均匀变形而在变形过程中产生的副应力,因在金属内部是自相平衡的,变形后仍然保留在金属中而形成残余应力。副应力按情况不同可以分为三类,那么,残余应力也有三类:即在金属大部分体积之间彼此平衡起来的第一类残余应力,在金属内晶粒群与晶粒群或相与相之间彼此平衡起来的第二类残余应力,以及在晶粒内部彼此平衡起来的第三类残余应力。

残余应力的产生来源可分为两大方面:

(1)由于不均匀变形所产生的残余应力。金属压力加工产品中的残余应力多为不均匀变形所致,其前身为副应力。

(2)加工后,由于产品体积的不均匀变化而引起残余应力。这方面大致可分为三种情况:

1)第二相质点从基体金属中的析出,引起不均匀的体积变化而产生非常集中的显微残余应力,相态转变所伴随的体积变化也可引起残余应力。

2)淬火过程中所引起的体积不均匀的剧烈变化,也能引起残余应力。因为淬火时极高的冷却速度造成了表面层和中心区的很大温差,使二者产生很大差别的冷缩量和冷缩速度,因而形成明显的残余应力。

3)缓慢冷却过程中因为体积的变化而产生残余应力。典型的例子是大扁锭的冷却,虽然冷却过程中没有相转变,冷却速度也不大,但是其表层特别是棱边的冷却速度比中心部位冷却速度快。表层的冷却一定要产生收缩,从而施加给中间部分一个压副应力,如图5-10b所示,此时中心部位的温度较高,屈服极限较低,在压副应力作用下要产生一定的塑性压缩变形,如图5-10c所示。当铸锭中心完全冷却后,如图5-10d中中心部分的收缩量总和是冷缩与塑性变形的叠加,比表层要大。冷却的结果,中间部位承受拉伸残余应力,表层承受压缩残余应力。铸锭内部的这种残余应力,是其突然破裂的力学根源,如图5-10所示。

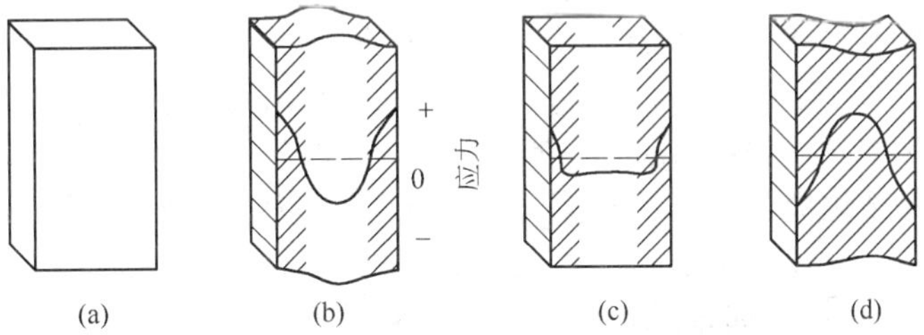

图5-10 热锭冷却过程中残余应力发展情况
(画线部分表示该时刻的较冷部分)

5.5.2 残余应力引起的后果

(1)具有残余应力的物体在承受塑性变形时,其变形分布及内部应力分布更不均匀。因为将具有残余应力的金属进行塑性变形时,这时的工作应力等于基本应力、副应力与残余应力的代数和,这样更促进了变形的不均匀性,并加剧了金属内部应力的不均匀分布,以及由此而引起的一些后果。

(2)缩短零件的使用寿命。若具有残余应力的物体承受载荷时，其内部作用的应力是由外力所引起的基本应力与残余应力之和，也可为二者之差，因此，引起零件内部的应力分布很不均匀。显然，当合成的应力数值超过零件的弹性极限时，则零件将产生塑性变形，因而缩短了零件的使用寿命。

(3)使制品的尺寸形状发生变化，甚至可引起破裂，并增加机械加工中的困难。在制品内部存在着相互平衡的残余应力，表明在各部分存在着符号不同的弹性变形和晶格畸变。当残余应力消失或平衡受到破坏后，相应的制品各部分的弹性变形也发生了变化，从而会引起制品尺寸的改变，有时还会引起制品形状的歪扭、弯曲等情形。

此种现象有很大的实际意义，因为具有残余应力的制品进行机械加工时，会引起尺寸的变化。若加工是对称的，虽然制品的长度、断面及直径等都有所变化，但其形状仍可保持不变。若加工是不对称的，制品除尺寸变化外，还可能产生扭曲等形状的改变。所有这些都要预先加以考虑，给予足够重视，不然将会造成加工中的困难。

当温度发生剧烈变化时，残余应力不仅能使制品的尺寸和形状发生改变，甚至可以引起制品的破裂。例如挤制的黄铜棒，当其表面承受较大的拉伸残余应力，挤出后周围的温度又很低时，将产生严重的表面裂纹。

制品内的残余应力数值，会随时间的延长而逐渐减小，并且这种过程将随温度的升高而加速。因此，制品在变形后，经过相当长的时间会因残余应力的逐渐消除而发生尺寸和形状的变化。此外，在某些情况下，由于受打击、振动、热处理等，同样会使具有残余应力的制品发生尺寸和形状的变化。

(4)降低金属的耐蚀性。当金属表面层具有残余拉应力时，会明显地降低制品的耐蚀性能。例如，若将冲压的黄铜制品置于潮湿的空气中时(特别是含有氨的气氛中)，则在弯曲的部分容易产生裂纹，这种现象称为黄铜的季节病。

(5)残余应力使金属的变形抗力增加，塑性、冲击韧性及疲劳强度降低。

5.5.3　预防和消除残余应力的措施

(1)确定合理的变形力学条件和工艺条件。正确合理的变形力学条件和工艺条件是确保金属产生较均匀变形的必要保证，只要在变形中尽量减少不均匀变形，就可以减少残余应力。

(2)变形后进行适当的热处理。变形后进行热处理来消除残余应力，主要是指制品的退火(或回火)。实践表明，第一种残余应力用低温回火的方法就可以明显减少，即在回复期就可大部分消除，而制品的硬化状态基本不受影响；第二种残余应力在退火温度接近于再结晶温度时也可以完全消除；而第三种残余应力，因为存在于晶粒内部，只有经过充分再结晶使晶格完全恢复到原来的形态后才能消除。如普通黄铜在40 ~ 140℃时只能消除很小部分的残余应力，在200℃附近能消除大部分，其余的残余应力需经过再结晶才能消除。

采用加热到一定温度的加热处理方法，是彻底消除制品内残余应力的唯一方法，但究竟采用哪种热处理方式，就要依实用目的而定。如果是为了防止制品在以后存放或加工中由于残余应力而引起变形和破裂的危险，并要求制品保证有足够的硬度，则可以采用低温退火的办法；为了完全消除残余应力，使金属软化以利于以后的切削加工，则可采用再结晶的退火方法。但必须注意，消除残余应力的热处理，加热速度不能太快，应使温度均匀缓慢上升，冷却时也需要缓慢降温，以免发生新的残余应力。

还应指出的是，在较高温度下的退火，虽然残余应力消除了，但制品的晶粒大小已明显改变并有损金属的机械性能。此外，热处理法也只有在制品允许退火时采用，对于不允许退火的制品，为消除因变形所产生的形状轮廓歪扭，则采用机械处理法。

(3)变形后进行机械处理。机械处理法的实质是在制品的表面再附加一些表面变形，使之产生新的压副应力，以抵消原有的残余应力系统或尽量降低其数值。显然，采用这种方法只有制品表面层存在残余拉应力时才有效。用机械方法使表面产生塑性变形，而中心层不发生塑性变形时，在表面层一定会产生压副应力，而中心层产生拉副应力。如果制品表面原来存在拉伸应力，则内部一定存在压应力与之相平衡。新的表面变形所产生的压缩应力与原有的拉伸残余应力相叠加，就会使表层残余应力减少或消除。例如用锤敲打表面，对管棒材的多辊矫直，型材的辊矫，板材的辊光及小变形量的拉伸以及喷丸加工等。

图 5-11 表示铜板的表面层原来存在着拉伸残余应力，当用辊压法使表面层产生适当的变形后，残余应力减小的情况。在 a 位置时，铜材原来存在着的残余应力分布情况是表层为拉伸残余应力(+)，中间部位为压缩残余应力 (-)；b 位置是经过表层辊压后所产生的新的残余应力系统，由于表层的延伸，产生的残余应力分布情况是表面层为压残余应力，中间部位为拉残余应力；c 位置表示原来残余应力系统和新残余应力系统合成后的分布情况，由于表层的拉残余应力和压残余应力相互抵消，中间部位的压残余应力和拉残余应力的相互抵消，最终使得残余应力明显减小。

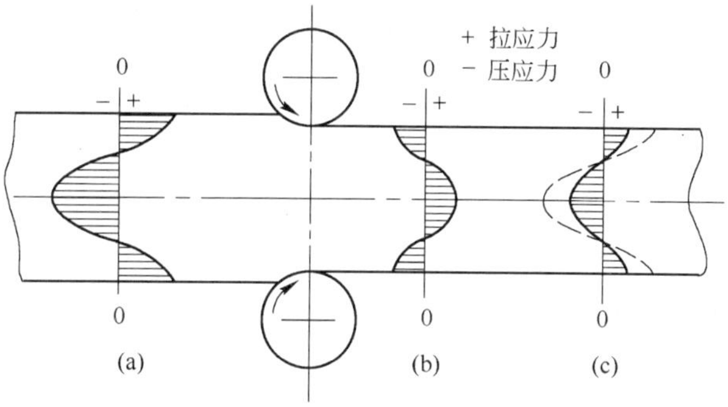

图 5-11 表面变形法减少残余应力示意图

(a)塑性变形后金属内部残余应力的分布；(b)经表面变形后所引起的残余应力的分布；
(c)合成残余应力的分布图(虚线表示原有的残余应力分布)

应指出，机械处理法只能消除第一类残余应力，实践证明，当表面变形控制在 1.5% ~3% 左右时效果最好，继续加大反而可能导致不良后果。

复习思考题

1. 用压力加工中金属不均匀变形的典型现象，说明产生不均匀变形的原因。
2. 目前研究金属不均匀变形的方法有哪些？
3. 金属的不均匀变形会引起什么后果？
4. 如何减轻金属的不均匀变形？
5. 什么是残余应力，它是怎样产生的？
6. 如何减轻制品的残余应力？

6 金属的塑性

6.1 金属的塑性及测定方法

6.1.1 金属塑性的基本概念

金属的塑性是指金属在外力的作用下,能够稳定、连续地发生永久变形而不破坏其完整性的能力。在出现第一个破坏迹象之前,金属材料承受的变形程度越大,其塑性越好。通常情况下,金属材料在外力作用下,在极小的弹性变形下就发生破裂,则其表现为脆性。

金属压力加工就是在一定的条件下利用金属的塑性使其产生所期望的塑性变形,所以,金属的塑性是制定金属压力加工工艺制度时最基本、最重要的指标。

应当指出,不要把塑性与柔软性混淆起来。这是两种反映金属不同特性的概念。柔软性是反映金属的软硬程度,它是指金属变形抗力的大小,而塑性是指金属的形变能力,它是用出现断裂前的变形程度的大小来衡量。不能认为塑性高的金属其柔软性一定好;相反,也不能认为柔软性好的金属其塑性就一定高。因为塑性和变形抗力从两个不同侧面来反映金属的特性,塑性是针对金属的流变性能而言,它反映材料变形的能力;变形抗力是针对金属对变形的抵抗能力而言,它反映材料变形的难易程度,一般用金属开始发生塑性变形时真实应力来描述。如室温下的奥氏体不锈钢,其塑性很好,但柔软性并不好,即变形抗力很大;而出现过热过烧的金属,其变形抗力很低,但塑性也很低,甚至完全失去塑性变形的能力。也有的金属塑性很高,变形抗力也很小,如室温下的铅就是其中之一。实际中各种情况都有,充分说明塑性和变形抗力是两种反映金属不同特性的概念。

金属塑性不仅与金属内在的化学成分、组织结构有关,而且也与变形时的外在条件有关,如变形温度、变形速度、变形程度、应力状态及周围介质等。同一金属或合金,由于变形条件不同,可能表现出不同的塑性。因此在研究金属塑性时一定要全面看问题,在塑性变形时,内因固然重要,但变形过程中的外部条件对塑性也起着重要的作用。

6.1.2 金属塑性的测定方法

为了便于对比各种材料的塑性性能和确定每种材料在一定变形条件下的加工性能,生产中需要有一种度量指标,我们把用来表示材料在一定条件下加工性能的指标叫做塑性指标。由于塑性受许多因素的影响,是一种随各种复杂条件而变化的加工性能,因此,难于寻求出一种共同的指标来反映材料的塑性特征,也就是说,企图建立一个不考虑应力状态对塑性影响的平均塑性指标是难以实现的。目前,还只能采用力学及工艺性能试验方法来确定各种具体变形条件下的单一的塑性指标(或称单项塑性指数)来表示材料的塑性。

测定塑性指标的方法,最常用的有机械性能试验法和模拟试验法两大类。

6.1.2.1 机械性能试验

A 拉伸试验

拉伸试验是在材料试验机上进行的。拉伸速度通常在$(3\sim10)\times10^{-3}$ m/s以下，对应的变形速度为$(10^{-3}\sim10^{-2})s^{-1}$，与一般液压机的变形速度相当。此试验也可在变形速度更广泛的试验机上进行，这要根据试验的要求而定。

在拉伸试验中可以确定两个塑性指标，一个是断后伸长率A，另一个是断面收缩率Z。

$$A=\frac{l-L}{L}\times100\%$$

$$Z=\frac{F-f}{F}\times100\%$$

式中 l——试样断裂后标距长度，mm；

L——试样的原始标距长度，mm；

f——断裂处试件的截面积，mm^2；

F——试件的原始截面积，mm^2。

拉伸试验所测定的两种塑性指标中，断面收缩率有一定的优越性，因为它能够完善地表示三向压应力状态下金属的塑性，与试件的原始计算长度无关，得到的数值较稳定。在实际生产中，变形物体的破坏往往是由于拉应力的作用，对于不均匀的组织，有时也可能出现拉应力状态，因此，断面收缩率表示了比较恶劣条件下的塑性指标，有一定的代表性。

B 扭转试验法

扭转试验是在专门的扭转试验机上进行。它可在不同的温度和速度条件下进行试验。试验时圆柱体试样的一端固定，另一端扭转。试验中试样受到外加扭力的作用，随试样扭转数的不断增加，最后将发生断裂。材料的塑性指标用破断前的扭转数n来表示，或用断裂前所扭转的扭转角来表示。破坏前的最大扭转数越大，其塑性越好。

C 冲击韧性试验

冲击试验是在冲击试验机上冲击带有切口的试件，冲击韧性a_K值的大小按下式确定：

$$a_K-W/F$$

式中 W——将试件冲断时的变形功，J；

F——试件断裂处的断面积，mm^2。

冲击韧性试验有较高的变形速度，切口处的应力状态也很复杂，它是在降低断裂处抗力和在特殊负荷下引起金属断裂的，因此有一定的使用价值。该塑性指标表示在冲击载荷作用下使试样破坏所消耗的功，在同样条件下，金属断裂所消耗的功越多，则金属材料抵抗破坏的能力越强。

6.1.2.2 模拟试验法

A 镦粗试验

镦粗圆柱体试件时，以侧表面出现第一条裂纹时的最大压缩率表示材料的塑性指标，其计算公式如下

$$\varepsilon=\frac{H-h}{H}\times100\%$$

式中 H——镦粗圆柱体试件的高度，mm；

h——开始出现第一条裂纹时试件的高度，mm。

试件镦粗时，由于受接触摩擦的影响，出现鼓形，试样中部承受三向压应力，当鼓形很大时，

侧表面受周向拉应力作用而产生裂纹。用这种试验方法可反映出应力状态与此相似的锻压变形过程（自由锻、冷镦等）的塑性大小。

B　楔形试件轧制法

用楔形试件通过轧机的固定辊缝，轧制完成后，观察试件侧表面，当试件侧表面出现第一条裂纹时的变形程度就表示金属试件塑性的大小。这种试验显然是模拟轧制过程的，如图 6-1 所示。

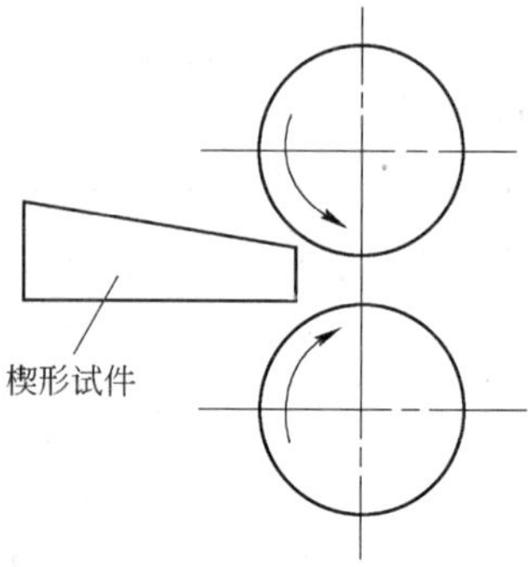

图 6-1　楔形试件轧制示意图

C　深冲（杯突）试验

这种方法是模拟冷冲压生产过程的。一般在杯突试验机上进行，用试验机上的冲头将板材试件冷冲成帽状，用底部出现裂纹时帽的深度 H 来表示金属的塑性（见图 6-2）。用这种方法试验的板材或带材的厚度一般在 2 mm以下。

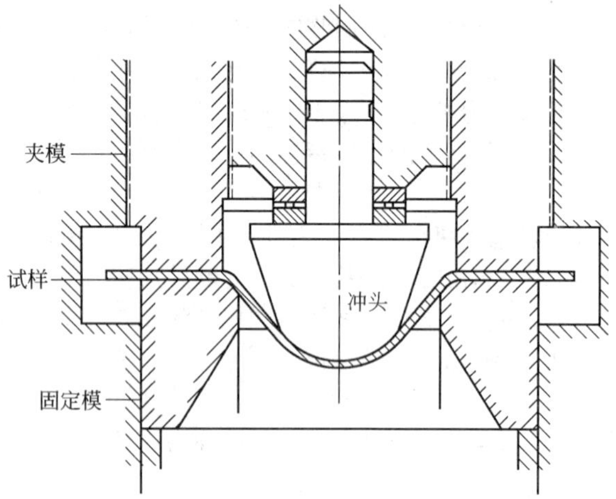

图 6-2　深冲（杯突）试验示意图

上述各种试验方法，只有在一定条件下使用才能反映出正确的结果，由于试验条件和实际生产条件有所差异，所测得的塑性指标仅能表示出一个大致范围，所以在实际生产中，应将几种试验方法所测得的结果综合分析来运用。

6.1.3　塑性图

塑性图是在一定的变形条件下，金属的塑性指标随着变形温度变化的关系曲线。塑性图都是用试验得到的，由在一定温度范围内的各塑性指标数值绘制的，其横坐标为变形温度，纵坐标为塑性指标。

由于塑性指标只能反映特定的变形力学条件下的塑性情况，因而为确定实际加工过程的变形温度，塑性图上需要给出多种塑性指标，最常用的有相对伸长率 A，断面收缩率 Z，冲击韧性 a_K，最大扭转数 n 等，此外还常给出抗拉强度 R_m 曲线以作为参考。

有了塑性图，即可用来选择该合金的合理压力加工方法及适当的冷热变形规程，它是金属压力加工生产中的一个重要参考资料。

例如，根据 MB5 的塑性图（见图 6-3），并参考其相图（见图 6-4），即可确定 MB5 适合的压力加工制度。

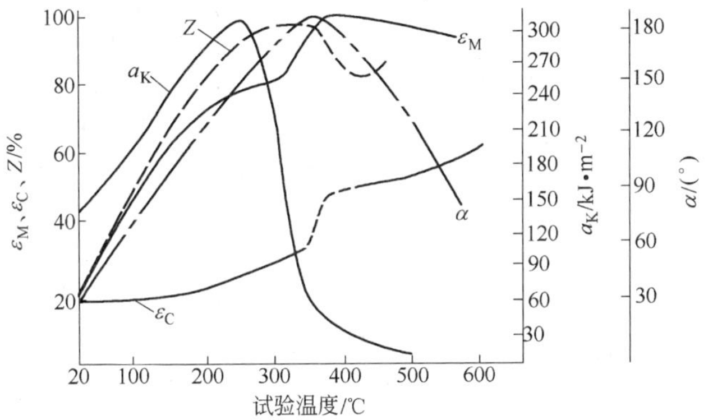

图 6-3　MB5 的塑性图

ε_M—缓慢力作用下的最大压缩率；ε_C—冲压力作用下的最大压缩率；

Z—断面收缩率；α—弯曲角度；a_K—冲击韧性

MB5 是含 Al 5.5% ~7.0%、Mn 0.15% ~0.5%、Zn 0.5% ~1.5% 的变形用镁合金，其主要合金元素是铝（Al），从相图可知，铝在镁中的溶解度很大，在共晶温度（437℃）的最大溶解度为 12.6%，随着温度的降低，溶解度急剧下降，在室温下降到 2.0%。根据该合金的成分可以从相图中看到，当温度达到 530℃左右时开始熔化，270℃以下为 α+γ 两相系。因此，它的热变形温度应选择在 270℃以上的单相区。根据塑性图可知，在缓慢力作用下，当变形温度为 350 ~400℃时，断面收缩率 Z 和压缩率值 ε_M 都最大，因此，不论是轧制还是挤压都可以在这个温度范围内进行。若采用锻造方法进行压力加工，冲击力作用下的压缩率 ε_C 在 350℃左右有突变，所以，变形温度应选择在 400 ~450℃范围内。

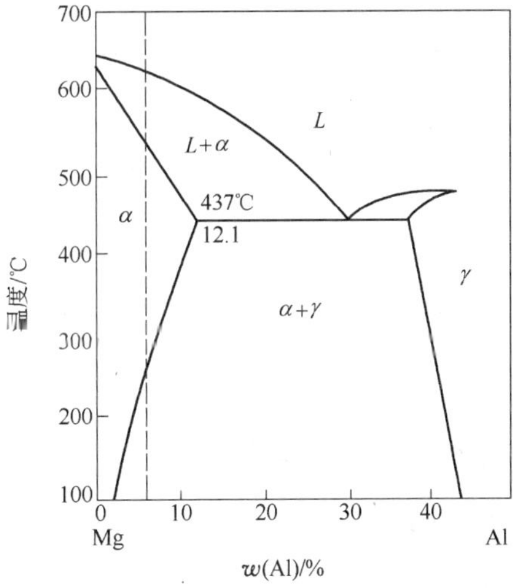

图 6-4　镁-铝二元系状态图

图 6-5 是部分铜、铝及其合金的塑性图。如从黄铜 H68 的塑性图上看出，在 300 ~500℃范围内塑性差，有明显的中温脆性区，而在 690 ~830℃的温度区间塑性则较好，显然，应该选定这个温度范围作为热轧的温度区间。

最后必须指出，由于塑性图的研究还不很完善，比较实用和内容比较全面的塑性图也不多，对于从事压力加工的工作者来说，仍有一个继续研究和积累有关资料的任务。

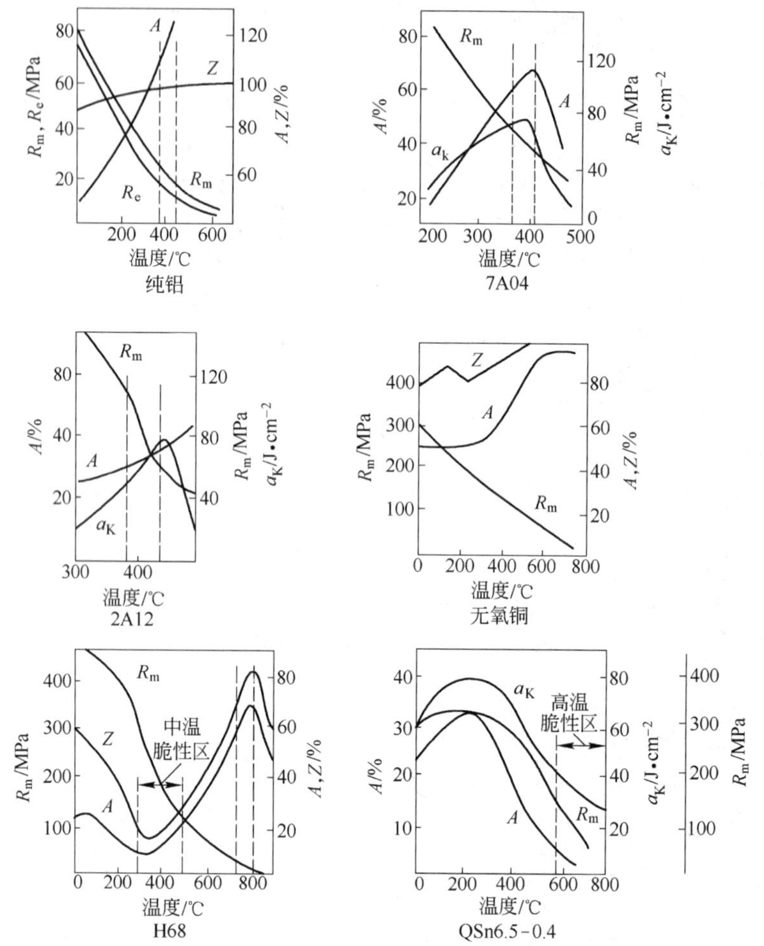

图 6-5　部分铝及合金、铜及合金的塑性图

R_m—抗拉强度；R_e—屈服极限；Z—断面收缩率；A—伸长率；a_K—冲击韧性

6.2　影响塑性的因素

6.2.1　影响塑性的内部因素

影响金属塑性的内部因素是：金属的化学成分、晶体的组织结构等。

6.2.1.1　化学成分对塑性的影响

工业用的金属，由于冶炼和熔铸条件的限制，不可能是百分之百的纯金属，总要含有一定数量的杂质。为了改善金属的使用性能，往往人为地加入一些其他元素而成为合金，这些杂质和人为加入的元素对金属与合金的塑性都有明显的影响。

A　杂质的作用

一般来说，金属的塑性是随着金属纯度的提高而增加的。如纯度为 99.96% 的铝，伸长率为 45%，而纯度为 98% 的铝，其伸长率只有 30% 左右。

金属与合金中的杂质，有金属、非金属和气体等，它们所起的作用是各不相同的。应该特别注意那些使金属与合金能产生脆化现象的杂质,由于它们的混入,或当它们的含量达到一定数量后,可以使冷变形及热变形都非常困难,甚至根本无法进行压力加工。例如,纯铜中的铋和铅都是十分有害的杂质,含铋十万分之几的,即能使热加工变得相当困难,当铋含量增加到万分之几时,热加工将产生强烈的开裂,而且冷变形也不可能进行。铅含量超过0.03%~0.05%时,也会引起热脆现象发生。

杂质的有害影响,不仅与杂质的性质和数量有关,而且与其存在的状态,即杂质在金属基体中的分布情况和形状有关。例如,铅在纯铜中和在低锌黄铜中的有害作用,主要是由于铅在晶界形成低熔点组成物,破坏了热变形时晶间的结合力,使其产生热脆。但在 $\alpha+\beta$ 两相黄铜中则不同,这时分散于晶界处的铅由于相变而进入晶内,对热变形没有影响。因此,这时的铅不仅不作为有害杂质,而且还作为改善切削性能的添加元素。

通常,金属中的有害杂质包括铅、锡、锑、铋、磷、硫等。当它们不溶于金属基体中,而以杂质或化合物的形式存在于晶界处的时候,将会造成晶界联系减弱,从而使金属的塑性下降,如果这些杂质在一定的条件下能够溶于晶粒内部时,则对金属塑性的影响较小。

在讨论杂质元素对金属与合金塑性的有害影响时,必须注意到各杂质元素之间的相互影响。因为某一杂质的有害作用可能因另一杂质的存在而得到改变。例如,铋在铜中的溶解度为0.002%,若铜中含铋超过0.002%时,则会使铜变脆。这是由于铋沿着铜的晶界扩展,使铜晶粒被一层薄的金属铋膜隔开,而显著地降低了晶粒的联系,使铜变脆。但若在含铋的铜中加入少量的磷,又可使铜的塑性得到恢复。因为磷能改善铋的分布状态而使其不能形成连续状的薄膜。又如硫几乎不溶于镍,即使0.01%的硫也能使镍形成热脆。这是因为硫在镍中形成 NiS_2+Ni 的共晶分布于晶界,其熔点是625℃,热加工时,低熔点的共晶物熔化,破坏了晶粒之间的联系而产生热脆。如果再加入少量的锰,就可以生成 $MnS+Ni$ 的共晶,其熔点为1330℃,且以球形分布于晶界,从而清除了硫所引起的热脆。

一般来讲,金属中的杂质若呈片状或链状集中分布时,对金属的塑性影响就大,若杂质呈球状均匀地分散分布时,对金属塑性的影响就小,杂质分布在晶内比分布在晶界对塑性的影响要小。

B　合金元素的作用

合金元素对塑性的影响,在本质上也与杂质的影响一样。不过,合金元素多是为了提高合金的强度、高温性能及合金在某种介质中耐腐蚀性能等而人为加入的。合金元素对金属材料塑性的影响,取决于加入元素的特性、加入数量、元素之间的相互关系及元素与基体之间的相互作用。

加入的合金元素与基体之间的作用或几种加入元素之间的相互作用,使合金在加工温度范围内形成单相固溶体(特别是面心立方结构的固溶体)时,则有较好的塑性。如果加入的合金元素数量及组成不适当,形成过剩相,特别是形成金属晶粒间的化合物或金属氧化物等脆性相,会明显地降低合金的塑性,如果在加工温度范围内有两相共存,也会使金属的塑性下降。例如,紫铜的塑性是很好的,如果往紫铜中加入少量的锌,则组成铜锌合金,即普通黄铜。因为锌含量较少时,普通黄铜是面心立方结构的 α 相固溶体组织,可是当加入的锌量达到39%~50%以后,合金就形成了两相组织 $\alpha+\beta$ 或单相组织 β,β 相是体心立方结构,其低温塑性较差。这可由铜锌合金力学性能与锌含量的关系图(见图6-6)看到这种变化关系。又如,在锰黄铜中,由于锰可以溶于固态黄铜的基体中,添加少量的锰对黄铜的组织没有显著影响,可以提高其强度而不降低其塑性。但黄铜基体对锰的溶解度是有限度的,当锰含量超过4%以后,其溶解度降低,结果在黄铜中出现了脆性相 ζ 相,使锰黄铜的塑性明显下降。

对于二元以上的多元合金,由于各元素的不同作用和各元素之间的相互作用,对金属材料

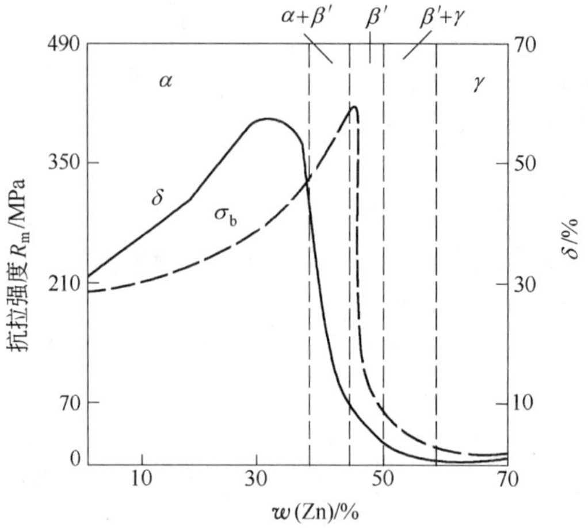

图 6-6　铜锌合金力学性能与含锌量的关系

塑性的影响是不同的，图 6-7 说明镁-铝-锌系变形镁合金中铝和锌的含量对塑性的影响。由图 6-7a可看出，随着铝含量的增加，合金的塑性指标逐渐降低，当铝含量超过 12% 时，塑性指标几乎下降到零。而图 6-7b 表明，锌含量约在 5% 以下时，可以使合金的塑性得到提高，当锌含量超过 5% 以后，合金的塑性急剧下降。

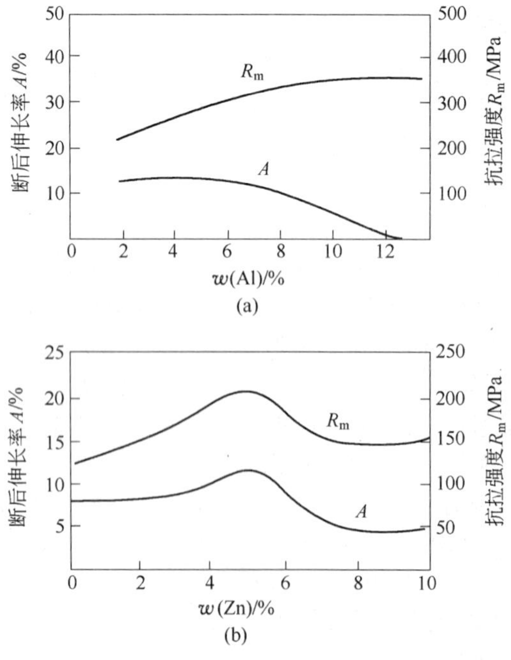

图 6-7　镁合金中铝、锌含量对力学性能的影响

(a)铝的影响曲线；(b)锌的影响曲线

6.2.1.2 组织结构对塑性的影响

金属及合金的组织结构，是指组元的晶格、晶粒的取向以及晶界的特性等。

对于晶格形式而言，面心立方晶格的塑性最好，体心立方晶格次之，而密排六方晶格的塑性最差。

多数金属单晶体的塑性在室温下比多晶体塑性要好。多晶体塑性降低的原因主要是由于一般情况下，多晶体晶粒的大小不均匀、晶粒方位不同、晶粒边界的强度不足等造成的。晶粒细小即晶界面积大，晶界强度高，在低温下变形多集中于晶内，表现出较高的塑性，超细晶粒，因其近于球形，在低变形速度下还伴随着晶界的滑移，故呈现出更高的塑性；粗大的晶粒，因其大小不容易均匀，且晶界强度低，在低温下变形易于在晶界处首先出现应力集中，出现裂纹，使塑性变差。在分析晶粒大小对塑性的影响时，不仅要看到晶粒平均的大小尺寸，还应注意到晶粒大小的不均匀程度。当金属晶粒大小相差很悬殊时，造成变形的不均匀，从而使金属的塑性明显下降。

一般认为，单相系（纯金属和固溶体）比两相系和多相系的塑性高，固溶体比化合物的塑性高。单相系塑性高的原因是由于这种晶体具有大致相同的形状和大小，大致相同的力学性能，晶间没有易熔的夹杂物、共晶体和脆性的组成物。而两相或多相合金，各相的特性、晶粒大小、形状和显微组织的分布状况等均不一致，因而给塑性带来了不良影响。例如锡磷青铜中，含磷0.1%，磷与铜形成熔点为707℃的化合物Cu_3P（P占14.1%），此化合物又与锡青铜形成三元共晶，其熔点为628℃；当含磷量超过0.3%时，磷又以淡蓝色的磷化共析体夹杂析出；当含磷量超过0.5%时，磷化物在热加工温度下处于液态，破坏了晶间联系，从而造成热脆性，使热加工不能进行。

不仅相的特性对合金的塑性有明显的影响，而且第二相的形状、显微分布对塑性也有重要影响。若第二相为硬相，且呈大块颗粒均匀分布，往往使塑性降低；若第二相为软相，则对合金的塑性影响不大，有时对塑性还有所提高。例如，两相黄铜中，若α相（软相）以细针状分布于β相的基体中，则有较高的塑性，若α相以细小圆形夹杂物析出，则黄铜的塑性较低。

综上所述可以看出：合金中的组元及所含杂质越多，其显微组织与宏观组织越不均匀，则其塑性越低，单相系比多相系的塑性要高，金属与合金中的脆性和易熔的组成物形状及它们分布的状态，也对塑性有很大影响。

6.2.2 影响塑性的外部因素

除了化学成分、组织结构这些内部因素对金属的塑性有着重要的影响以外，变形过程中的工艺条件（包括变形温度、变形速度、变形程度和应力状态）以及尺寸、周围介质气氛等外部条件对金属的塑性也有很大的影响。

6.2.2.1 变形温度

变形温度对金属影响的一般规律是：随着温度的逐渐升高，金属的塑性不断提高。在一般情况下，温度由绝对零度上升到熔点时，金属可能出现三个脆性区：低温脆性区、中温脆性区和高温脆性区。如图6-8所示。

金属的塑性随着温度的升高而得到改善的原因是因为随着温度的升高，原子热运动的能量增加，那些具有明显扩散特性的塑性变形机构（如晶间滑移机构、非晶机构、溶解－沉积机构）都发挥了作用。同时，随着温度的升高，在变形过程中发生了消除硬化的再结晶软化过程，从而使那些由于塑性变形所造成的显微破坏及缺陷得到修复的可能性增加；随着温度的升高，还可能出现新的滑移系，滑移系的增加，意味着变形能力的提高。例如铝的多晶体，其最大塑性区出现在450～550℃的温度范围内，此时，不仅可以沿（111）面滑移，而且还可以沿（001）面及其他方向进行滑移。

实际上，金属的塑性并不是随着温度的升高而直线上升的，因为相态和晶粒边界随着变形温度的升高而产生的变化也对塑性也有显著的影响，从而出现三个脆性区。

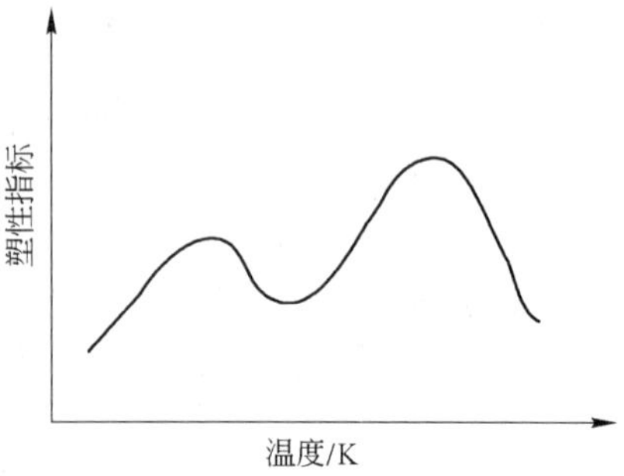

图6-8　变形温度对塑性影响的典型曲线

低温脆性区的出现是由于沿晶粒边界的某些组织组成物随着温度的降低而脆化了。某些金属间的化合物就具有这样的行为，如镁-锌系中，MgZn、$MgZn_2$ 就是低温脆性化合物，它们随温度的降低而沿晶界析出，使低温下金属的塑性急剧下降，以致于无法进行塑性变形。在低温下，金属的塑性变形机构很少发挥作用，也是使其塑性降低的一个原因。具有六方晶格的金属，在低温进行塑性变形时容易产生脆性断裂的现象。如镁合金的冷加工性能就不好，因为镁是密排六方晶格，在低温时只有一个滑移面起作用，当变形温度上升到300℃以上时，镁合金晶体中产生了新的附加滑移面，因而塑性提高了。故一般镁合金在350～450℃的温度范围内可以进行各种压力加工。

中温脆性区的出现是由于在一定的温度-速度条件下，塑性变形使脆性相从过饱和的固溶体中沉淀出来，引起脆化；晶间物质中个别的低熔点组成物因软化而强度明显降低，削弱了晶间的联系，导致热脆；在一定的温度与应力状态条件下，固溶体产生分解，此时可能形成新的脆性相。

高温脆性多是由于加热温度过高，使金属几乎达到了熔点温度而发生过热或过烧，这时金属晶粒急剧长大，晶间已经熔化，晶间联系遭到严重的破坏。另外，某些金属在一定的介质气氛中加热，高温下周围介质的影响也会使金属脆化，如镍在含硫的气氛中加热，钛在含氢的气氛中加热，都会发生热脆现象。

上述三个典型的脆性区，是指一般情况而言，对于具体的金属及合金，可能只有一个或两个脆性区，可能是低温脆性区，也可能是高温脆性区。总之，出现几个脆性区及塑性较高的区域，要视温度的变化，金属与合金的内部结构和组织的变化而定。

6.2.2.2　变形速度

变形速度对金属塑性的影响是比较复杂的。当变形速度不大时，随着变形速度的提高金属的塑性呈下降趋势；当在变形速度较大时，金属的塑性随着变形速度的提高而提高。变形速度对金属塑性的这种影响还没有找到确切的定量关系，一般可用图6-9所示的曲线来概括。

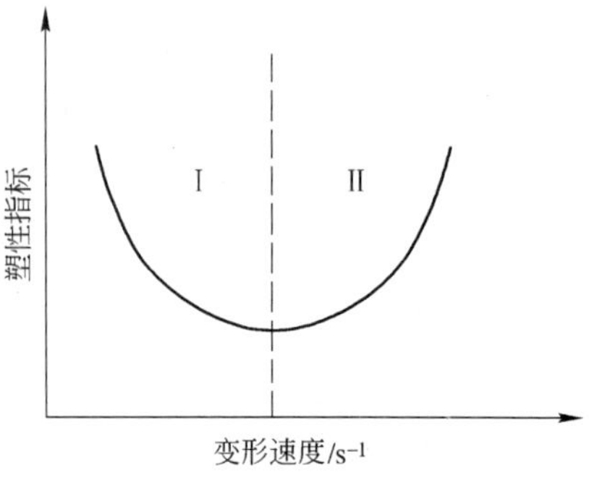

图6-9　变形速度对塑性的影响

金属塑性随着变形速度的提高而降低的原因（Ⅰ区），可能是由于在较低速度时，加工硬化及位错受阻因而形成显微裂纹所致；金属的塑性随着变形速度的提高而提高（Ⅱ区）的原因可能是由于在较大的变形速度时，变形热效应使变形金属的温度升高，从而使硬化得到消除，同时伴随有新的变形机构开始起作用的结果,也可能是位错重新启动的缘故。

变形速度的增加,在下述情况下会降低金属的塑性:

(1)在变形过程中,虽然考虑到了热效应的影响,但加工硬化的速度仍然大于软化过程的速度时;

(2)由于热效应的影响,使金属变形区内的温度急剧升高,并进入到脆性区时。

变形速度的增加,在下述情况下可以提高金属的塑性:

(1)在变形过程中,软化作用比加工硬化过程进行得快时;

(2)由于热效应的作用,变形区内的温度升高,使金属从脆性区转变为塑性区。

变形速度对金属塑性的影响,实质上是变形热效应在起作用,当部分热量来不及向外发散,将促使金属温度升高。热效应显著改变了金属的实际变形温度,其作用是不可忽视的,如挤压生产中,一般合金的实际变形抗力越大,挤压系数越高,挤压速度越快,则发热越严重。所以在挤压生产中,在制定变形温度规程时必须把变形温度和变形速度联系起来考虑,否则容易超出可加工温度范围而出现裂纹。又例如铅黄铜 HPb59-1,某厂在热轧开坯时,加热温度范围是 700 ~ 750℃,按着这种合金的特性,这个温度范围是正确的。但是在热轧时,由于温降,终轧温度若降低到 550℃左右,会产生严重的裂边,有时甚至在板面上产生裂纹。如果能够控制适当的变形速度,减少操作过程的温降,加上热效应的影响,可以使轧制过程始终保持在 650℃以上,金属处于高塑性区,这样就避免了由于温降进入低塑性区而产生的裂边和板面裂纹,在这种情况下,适当提高变形速度对于金属塑性的提高就是有利的。

6.2.2.3　变形程度

变形程度对金属塑性的影响作用是比较复杂的。从压力加工过程来看,变形程度对塑性的影响是通过变形金属内部组织结构的变化而起作用的,是同加工硬化及加工过程中随塑性变形发展而产生的裂纹倾向联系在一起的。

在热变形过程中,变形程度与变形温度-变形速度条件是相互联系的。当加工硬化与裂纹胚芽的修复速度大于发生速度时,可以说变形程度对塑性的影响不大。

对于冷变形,一般都是随着变形程度的增加塑性出现下降的趋势,这是冷变形时随着变形程度的增加加工硬化越来越强烈的结果。至于从压力加工的角度来看,冷变形时两次退火间的变形程度多大适宜,尚无一般结论,但可以确定,这种变形程度的大小与金属本身的特性是密切相关的。有的金属对加工硬化很敏感,就要给予小的变形程度之后即进行中间退火以恢复金属的塑性;有的金属对加工硬化不是很敏感,则在两次中间退火之间可给予较大的变形程度。

对于难变形的合金,可以采用多次小变形量的加工方法(即分散变形)。实践证明,这种分散变形可以提高塑性 2.5 ~ 3 倍。由于在分散小变形中每次所给的变形量都很小,远低于塑性指标,不足以使金属断裂;同时,在各次变形的间隙时间由于软化的发生,也使塑性在一定程度上得以恢复;此外,同其他热加工一样,改善了组织结构,提高了致密度。所有这些都为进一步加工创造了有利条件,结果使断裂前可能发生的总变形程度大大提高。此外,一次大变形所产生的变形热甚至可以使局部温度升高到过热或过烧的温度,从而引起局部裂纹。相反,多次小变形时,产生的应力小,变形中产生的热量也少,金属的实际温度就不易达到过热或过烧的温度。

6.2.2.4　变形力学条件

A　应力状态

应力状态的形式对金属塑性的影响从卡尔曼经典的大理石和红砂石的试验中可以清楚地

看出。卡尔曼用白色大理石和红砂石做成圆柱形试样，将这些试样放在专用的试验仪器内进行镦粗（见图6-10），在仪器中可以造成轴向压力（机械作用）和附加侧向压力（把甘油压入试验腔室内）。在只有轴向压力时，大理石和红砂石是脆性体，如果再加上侧向压力时，那么情况就不同了，大理石和红砂石产生了塑性变形，随着轴向压力的增加，它们的变形也随之增加。从图6-11可知，大理石和红砂石的塑性随静水压力的提高而增加。这一原理是提高脆性材料塑性的理论依据之一。

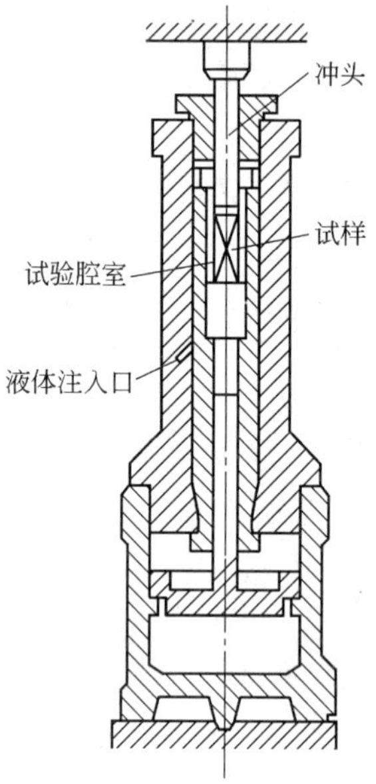

图6-10　卡尔曼仪器

与此相反，在一定的应力状态条件下，也可以使通常认为塑性很高的材料产生脆性破坏。如在三向相等的拉应力作用下，可以使铅产生脆性断裂，而无塑性变形的痕迹。

变形物体破坏的基本原因是拉应力作用的结果。在变形物体所处的应力状态中，拉伸应力分量越多，则对金属塑性的影响越大；压缩应力分量越多，并且强度越大，则越有利于金属塑性的发挥。

应力状态种类对金属塑性的影响起实际作用的是静水压力（即三向压应力之和平均值），静水压力对于塑性的良好影响，可以归纳如下：

（1）使晶间变形困难，从而使变形主要产生在晶内，减轻或避免了晶间破坏，有利于塑性变形的发展；

（2）促使晶内和晶间各种破坏的胚芽得到焊合，各种显微裂纹得到修复；

（3）减轻或避免了脆性夹杂物和液相对塑性的不良影响；

（4）抵消或减轻由于不均匀变形而产生的拉副应力的破坏作用。

按应力状态是否有利于塑性的发挥，在体应力状态中，三向压应力状态最好，两向压应力一向拉应力次之，两向拉应力一向压应力更次，三向拉应力最差。

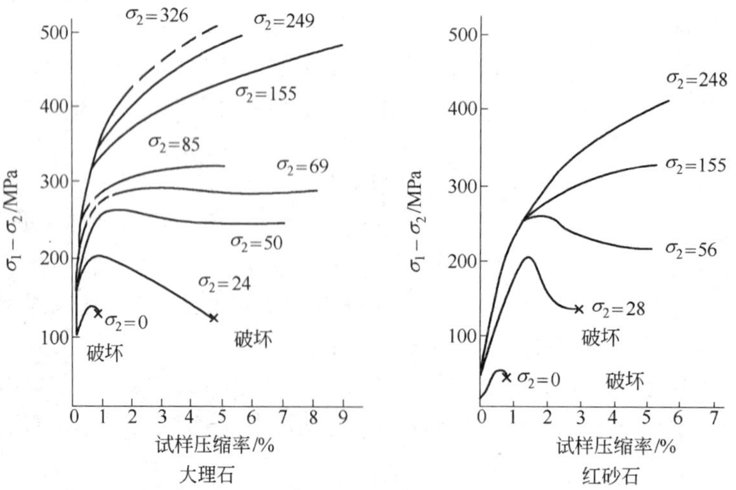

图6-11　脆性材料的各向压缩曲线

σ_1—轴向压力；σ_2—侧向压力

总之,凡是有利于产生强烈的三向压应力状态的,都有利于塑性的发挥,凡是不利于产生三向压应力状态的,对塑性的发挥都产生相反作用。

B　变形状态

关于变形状态对塑性的影响,可以用主变形图来说明。一般认为,压缩变形有利于塑性的发挥,而延伸变形则不利于塑性的发挥,所以,主变形图中压缩分量越多,对于充分发挥金属的塑性最为有利。主变形图对塑性的影响可按如下顺序排列:二向压缩一向延伸的主变形图最好,一向压缩一向延伸次之,二向延伸一向压缩的主变形图对塑性的影响最不好。

关于变形图对金属塑性的影响可作如下解释,因为实际变形物体中,不可避免地总要或多或少存在着气孔、夹杂、缩孔等缺陷,这些缺陷在二向延伸一向压缩的主变形图中,就有两个方向扩大其缺陷,使点缺陷变成面缺陷,而增大其危害。但在二向压缩一向延伸的主变形图中,点缺陷和面缺陷最后都变成线缺陷,使其危害减少。为形象地比较其影响,可用图6-12表示。

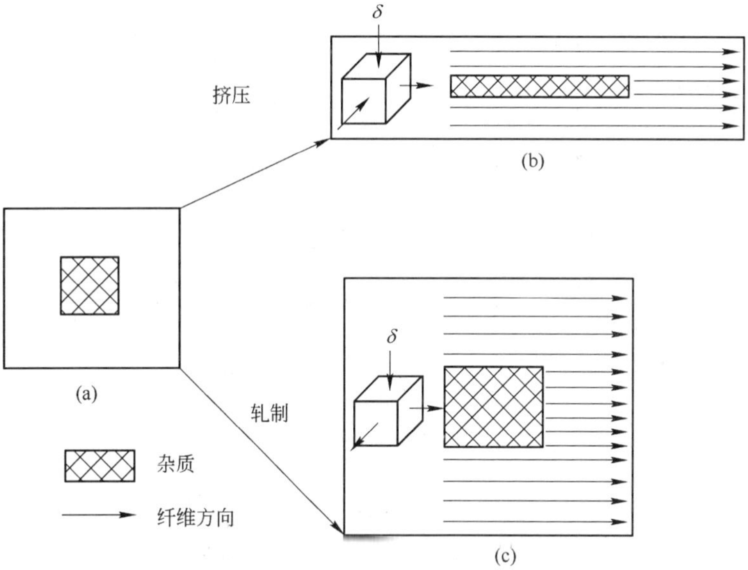

图6-12　主变形图对金属中缺陷形态的影响

(a)未变形的情况;(b)经二向压缩一向延伸变形的情况;(c)经一向压缩二向延伸变形的情况

综上所述可知,三向压应力的主应力图和二向压缩一向延伸的主变形图所组成的变形力学图是最有利于金属塑性的发挥。

在常用四种压力加工方法(锻造、轧制、挤压、拉伸)中,挤压是最有利于发挥塑性的,一些低塑性合金用其他方式不能成型,往往采用挤压的方式。

6.2.2.5　尺寸

尺寸因素对加工件塑性的影响,基本规律是随着加工中体积的增大塑性有所降低,但降到一定程度以后,体积再增大其影响减少,到一定值后甚至没有多大的影响。

许多试验表明,小体积试样的塑性比大体积试样的塑性高。例如,在室温下其他条件相同时,用平锤头压缩锌试件,当试样尺寸为 ϕ20 mm×20 mm 时,最大压下率约为35%~40%,而当试样的尺寸为 ϕ10 mm×10 mm 时,最大压下率可增加到75%~80%。用平锤头压缩黄铜试件,

当试样尺寸为 $\phi20$ mm × 20 mm 时，最大压下率是 50%，当试样的尺寸为 $\phi10$ mm × 10 mm 时，出现最大压下率为 70% ~75%。

上述现象产生的原因是：实际金属，单位体积中存在着很多宏观或微观的组织缺陷，体积越大，包含着的缺陷越多，缺陷分布更不均匀，当进行塑性变形时，其应力的分布也越不均匀，在组织缺陷处容易产生应力集中，这些应力集中点就是产生裂纹的源，因而使金属的塑性下降。就铸锭而言，大铸锭的表面质量一般较差，而小铸锭则容易得到致密细小和均匀的组织。

6.2.2.6　周围介质

周围介质的影响表现为以下几方面：

(1) 周围介质和气氛使变形金属表面层发生溶解，形成脆性相，金属呈脆性状态。镍及镍合金在煤气加热炉中直接加热后进行热轧时，开裂十分严重，这是因为煤气中含有硫，硫被镍吸收后生成 Ni_3S_2，此化合物与镍形成熔点为 625 ~650℃的共晶，并呈薄膜状分布于晶界，使镍及镍合金产生热脆。因此，加热镍及镍合金时，一定要严格控制煤气中硫的含量。又如钛在铸造时和在还原气氛中加热以及酸洗时，均能吸氢生成 TiH_2，使其变脆。因此，钛在加热及退火时，要防止在含氢的气氛中进行，对已经吸氢的钛，应在 900℃左右进行真空退火，以降低氢的含量，提高塑性。

(2) 周围介质的作用使变形金属的表面层发生腐蚀，化学成分改变，塑性降低。黄铜的脱锌腐蚀和应力腐蚀就属于这一类型。当黄铜在加热、退火或在潮湿环境下，锌首先受到腐蚀而溶解，使金属表面残留一层海绵状（多孔）的纯铜，当再进行加工时，其塑性显著下降。

(3) 有些介质（如润滑剂）吸附在变形金属的表面上，可以使金属的塑性得到改善。金属塑性变形时，因为滑移的结果而使表面呈现出许多显微台阶，润滑剂活性物质的极性根，能够沿着台阶的边界或者沿着由于表面扩大而形成的显微裂纹缝隙向深部渗透，使滑移过程更加顺利，并明显地降低了摩擦系数和由于外摩擦造成的变形不均匀，其结果不但改善了金属的塑性，而且变形抗力显著下降。

6.2.3　提高低塑性合金塑性的途径

随着我国经济的高速发展，对金属材料的要求日益提高，如何充分利用金属的塑性，以得到各种形状、尺寸和性能且质量优异的加工制品，一直是广大业内人士关注的课题，尤其对于一些广泛应用的难变形、甚至是半脆性的金属及合金的塑性变形，更需要创造有利于变形的力学条件和制定一套合理可行的工艺制度来完成其变形。

为提高金属的塑性，必须促进对塑性有利的因素，同时减少或避免不利的因素，归纳起来，提高低塑性合金塑性的途径有以下几个方面：

(1) 在不影响合金使用性能的基础上，调节合金的化学成分。一般，纯金属及合金的主要成分与杂质，根据冶炼、加工和使用等方面的情况，在国家标准中规定了一定的范围，在这个规定的范围内，成分偏高或者偏低是允许的；另外，在不影响使用性能的前提下，添加少量元素也是允许的。在调节化学成分时，必须注意每种成分和杂质含量的百分比，以保证得到最高的塑性。生产中如何摆脱一些杂质的影响显得尤为重要，如在铜中氧含量增加，将促使低价氧化铜杂质形成，并在拉伸应力变形条件下降低铜的塑性。因此随着铜内氧含量增加其拉伸性能降低。此外，在规定的范围内调整化学成分或者添加少量元素，在生产实际中是常用的。例如，HPb59-1 加 0.2% 的铝（Al）以后，使高塑性区的温度范围扩大，更有利于提高热轧的成品率，而不加铝热轧时容易产生裂边，甚至热轧坯表面开裂。又例如 B30，加 0.03% 的锆以后，热轧就比较顺利，而未加锆的，热轧易碎。再如铝合金 5A06 随镁含量的增加，塑性降低，使冷裂倾向增加，故应控制镁的含量靠近标准规定的下限，以降低冷裂倾向。

(2) 形成最适宜的相态,尽量使变形在单相区完成。前面已经阐述过了,金属在塑性变形时,将变形过程控制在单相区内进行是最有利的,这时变形较均匀,副应力比多相时要低得多。塑性变形过程中相变是应当尽量避免的,因为各相的特性及晶格的体积差异很大,塑性变形过程中的相变,将引起变形发展的不均匀而增大副应力,使发生破坏的可能性增加。例如 H68、H59 等黄铜,为了避免在两相中进行热加工,其变形温度一般控制在单相区内。

(3) 改善锭坯的组织结构,得到均匀、致密的组织。组织越均匀,产生副应力的可能性越小,而塑性越高。为了得到均匀、致密的组织,实际生产中往往从铸造方法及随后机械加工与热处理来寻求改善方法。例如,为了使锡磷青铜合金连续铸造的卷坯能更好地冷轧,并改善其产品的表面质量,提高其成品率,在铸造时利用振动减少反偏析,铸坯铣面时适当增加铣削厚度,将反偏析层尽量铣掉,并在冷轧前采用高温的均匀化退火等方法。当采取了这些方法以后,可以得到较均匀的组织,然后在冷轧时注意控制两次退火之间的总加工率,这样就大大提高了锡磷青铜板带材的成品率。

(4)创造最适宜的温度－速度条件。变形时创造最适宜的温度－速度条件,是压力加工中应用最普遍的措施。这方面的例子也很多,如等温挤压,就是用变形速度来控制变形过程的温度,以使整个变形过程能在一定的温度范围内完成,这不仅有利于高塑性区间很窄的合金能够顺利地实现塑性变形而不破裂,同时还可以得到组织均匀、性能一致的加工产品。

有的工厂根据挤压速度的不同将挤压的铜合金分成几类,紫铜（T2）、H96、HPb59-1、H62、HAl60-1-1 等属于最高挤压速度类;而将 QSn4-8、QSn4-0.3、QSn6.5-0.1、QSn7-0.2 等划归最低挤压速度类,中间还有若干不同的类别。至于变形温度条件,各种金属合金的热变形,都要求适合于该合金特点的温度范围,对于具体的金属及合金应该根据相图和塑性状态图来具体确定。

(5)采用最适宜的变形力学图。适宜的变形力学图能够抑制副应力的产生或者在很大程度上可以减弱副应力的不良作用和影响,可以创造出发挥金属塑性的最好的外部条件。显然,最好的应力状态是三向压应力状态,而变形状态则是二向压缩一向延伸状态最好,最好的变形力学图是由三向压应力状态和二向压缩一向延伸的变形状态所组成。在三向压缩应力状态图中,静水压力值越大,越有利于发挥金属的塑性,所以,许多塑性低的合金,多采用挤压法开坯的生产工艺。如某些合金采取以下的工艺流程:铸锭→挤压或锻造→轧制或拉伸。

(6)尽量减少外摩擦的有害作用,造成均匀的变形状态。金属塑性变形时,其变形的发生、发展是否均匀,对金属的塑性有着非常明显的影响。变形物体内如果存在着难变形区,则一定形成区域性的不均匀变形,因而产生了副应力,副应力中的拉伸应力则是引起变形物体破坏的根本原因。在金属的不均匀变形一章中,已经阐述过,摩擦的存在是产生难变形区的直接原因,因此寻求创造均匀变形状态的基本途径,就是要尽量减少外摩擦的有害作用。例如,根据不同金属在不同的加工温度范围,选用适当的润滑剂以降低外摩擦系数,就是基于这个原则所采用的措施。

(7)避免加热及加工时周围介质的不良影响。创造出良好的周围环境,以消除外部介质对金属塑性的有害作用,在压力加工生产中是不可忽视的条件。有些合金需要在真空条件下或在保护气氛下进行加工,就是属于这一类。

总之,要根据具体情况来采取相应的措施,才能有效地提高变形金属的塑性,从而减少金属断裂的可能,减少裂纹的产生。

上述这些方法的实质就是改善金属及合金的内部质量及创造最有利的外部条件,从内部因素和外部条件的结合上实现最理想的变形过程,以使金属获得最好的塑性变形能力。

6.2.4　超塑性简介

通常,拉伸试验所得到的伸长率不超过100%,这是从大量的金属材料拉伸试验数据中得到的结论。

自从1920年德国人罗森汉发现Zn-Cu-Al三元共晶组织在冷轧后具有类似玻璃或沥青般非晶体材料特征以来,人们不断地发现一些材料具有一种暂时的塑性异常现象。1946年前苏联包奇瓦尔等人针对这一奇异现象提出"超塑性"这一术语,可是直到1962~1964年,才在全世界的有关研究者中正式确立这一概念。从此,人们把凡是金属材料的伸长率超过100%的现象称为超塑性,凡是伸长率能够超过100%的材料都叫超塑性材料。试验结果表明在一定的条件下,某些金属材料的伸长率大大地超过100%,最大的可达到1000%甚至2000%。

人们发现,超塑性是某些金属材料在一定的变形温度－速度条件和较低的应力作用下产生的一种暂时的塑性异常现象。根据超塑性效应的超塑性表现可分为细晶超塑性和相变超塑性。细晶超塑性是在具有稳定的超细等轴晶粒的材料上出现的超塑性现象,其晶粒尺寸一般多在5 μm以下。这种超塑性是在特定的恒温下发生的,所以也称为恒温超塑性。实现这种超塑性的热变形条件,一般是变形温度通常大于0.4倍的熔点绝对温度值,变形速度通常在$(10^{-4} \sim 10^{-1})s^{-1}$。相变超塑性,这种超塑性不一定要求材料具有超细等轴晶粒组织,产生的主要条件是在应力作用下发生多次的循环相变。在试验时,负荷可以很小,但要在相变点上下变动温度,所以称为动态超塑性。

由于金属超塑性状态具有异常好的塑性和非常小的变形抗力,所以对塑性加工非常有利。就成形而言,对形状复杂或变形量很大的材料都可以一次成形。目前已知道的有板料冲压成形、液压成形、气压成形、无模拉拔、挤压及模压成形等多种方式。其优点是流动性好,填充性好,所需设备的吨位小。工业上能实际应用的材料品种还十分有限,主要是锌合金(Zn-Al系)。

关于超塑性的机构,还处于研究探讨阶段,目前还没有统一的、肯定的意见。从材料的内部组织机构条件来看,多数研究者认为在超塑性变形中起支配作用的机构是晶界移动或晶间滑移,也有不少人认为空位迁移起着主导作用,还有人认为超塑性变形过程中伴随有再结晶恢复作用。因而形成了各种不同的观点和理论。要获得超塑性的统一理论,还必须从更广泛的角度进行综合研究。

复习思考题

1. 什么是金属的塑性?
2. 影响金属塑性的内因、外因有哪些,是如何影响的?
3. 什么叫静水压力?叙述变形力学图示对金属塑性的影响。
4. 什么叫塑性图?举例说明塑性图的用途。
5. 简述测定塑性指标的办法。
6. 什么叫金属材料的超塑性,有哪几种类型?

7　金属的变形抗力

金属的变形抗力是金属抵抗使其产生塑性变形的外力的能力。指在所设定变形条件下，金属或其单元体能够实现塑性变形的应力强度。有时为反映某金属材料的变形抗力，通常以该材料在一定的变形温度、变形速度和变形程度下，单向拉伸（或压缩）时金属开始产生塑性变形时的真实应力大小来表示，这个真实变形抗力也叫屈服极限，用 R_e 来表示。采用这种度量方法的目的是为了排除应力状态的影响。

金属压力加工过程多数是在两向或者三向应力状态下完成的，很少是在单向拉伸或压缩的线应力状态下进行的，因而在实际生产中，复杂的应力状态使其变形抗力一般要比单向应力状态下高出 1.5 ~6 倍，在实际测得的变形抗力中，除了真实变形抗力之外，还包含有一个附加的变形抗力在内。有人将实际变形抗力分为两个组成部分，即

$$\sigma_r = R_e + q$$

式中　σ_r ——实际变形抗力；

R_e ——材料的屈服极限；

q ——附加变形抗力。

在研究金属材料的变形抗力时，必须区分材料在一定变形条件下进行单向拉伸时得到的真实变形抗力和在实际生产条件下测得的实际变形抗力。

金属材料的真实变形抗力（屈服极限），取决于金属材料的化学成分和组织结构，并受变形温度、变形速度和变形程度等条件的影响。

金属材料的实际变形抗力，除取决于上述条件外，还受变形时应力状态的影响。

7.1　影响变形抗力的内部因素

金属材料的性质与其原子间的结合情况及其点阵结合形式有关，变形抗力正是金属原子间结合力的一种表现。因此，它首先取决于被加工的金属材料的化学成分和组织结构。

7.1.1　化学成分对变形抗力的影响

各种纯金属，因为原子间相互作用的特性不同，所以具有不同的变形抗力。同一种金属材料，纯度越高其变形抗力越低，不同牌号的合金组织状态不同，其变形抗力数值也不同。例如，退火紫铜，在常温下的变形抗力为 60 MPa，而退火的纯铝，其变形抗力为 30 MPa。2A12 铝合金在退火状态其屈服极限为 100 MPa，在淬火时效后，屈服极限在 300 MPa 以上。例如，纯度为 99.9% 的铝，在静力拉伸时变形抗力为 60 MPa，而纯度为 98.7% 的铝，在同样条件下，变形抗力为 118 MPa。可见，少量的杂质能够明显地影响金属材料的变形抗力。

合金元素（或杂质）对变形抗力的影响，主要取决于溶剂原子与溶质原子之间相互作用的特性、原子体积的大小及溶质原子在溶剂基体中的分布情况等。要全面阐明化学成分与变形抗力之间的关系，目前还比较困难。研究结果表明，二元系合金中化学成分与变形抗力之间的关系同二元状态图的形式有着一定规律性的联系。如图 7-1 所示。

图 7-1a 是形成无限固溶的二元合金的硬度（以硬度作为变形抗力指标）随成分而变化的图示，它表明固溶体的硬度比纯金属的硬度高，变形抗力的最大值，通常对应于固溶体的最大饱和度，从而对应于点阵的最大畸变处。固溶体强化是由合金化元素所引起的溶剂点阵畸变程度和

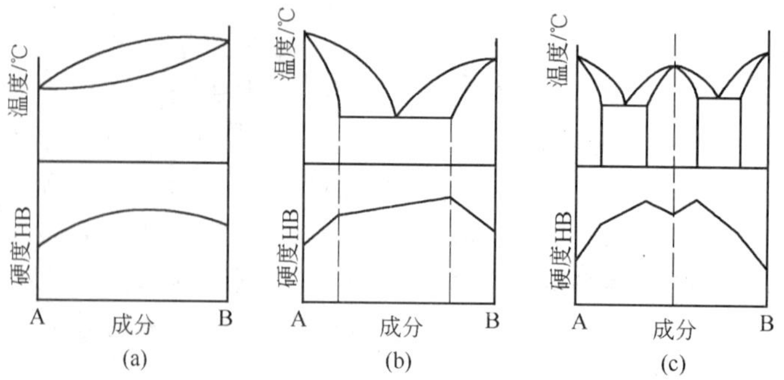

图 7-1　化学成分对变形抗力指标的影响

(a)形成固溶体的合金；(b)形成共晶体的合金；(c)形成化合物的合金

特点决定的。固溶体点阵畸变程度越大，强化越激烈。对于大多数无限固溶的合金系来说，硬度的高值点是在50%原子百分数处，因为此时发现点阵发生了最大的畸变。

图7-1b 指出了形成共晶体的二元合金的硬度随成分的变化情况。共晶体混合物可由纯金属构成，也可由其化合物或固溶体构成，该图示为由固溶体构成共晶混合物的情况。

图7-1c 是形成化合物的二元合金的硬度随成分变化的图示。化合物具有与组元完全不同的独特性质，并具有独特的点阵，在合金内可以视为一个独立的组元。这种具有化合物的复杂状态图，可以把它当作化合物与每一金属所形成的两个单独的状态图来研究。

从以上分析中看出，无论形成固溶体、共晶体还是化合物，其变形抗力都比其基体高。

除合金成分不同的影响外，金属材料的变形抗力在很大程度上取决于其中杂质的含量。通常杂质是提高变形抗力的，甚至可以把某些材料的临界切应力提高几十倍。当然，有的杂质也会引起金属材料变形抗力的降低，例如，当青铜中砷含量为0.05%时，其强度极限为190 MPa，当砷含量提高到0.145%时，其强度极限反而降到140 MPa。

杂质对变形抗力的影响与杂质的本性及其在基体中的分布特性有关。杂质原子与基体组元形成固溶体时，会引起基体组元的点阵畸变，进入基体点阵中的杂质原子所引起的点阵畸变越大，则变形抗力提高得越多。一般杂质元素在周期表中离基体元素越远，杂质的硬化作用就越强烈。不溶解的杂质元素分布在晶体中的滑移带附近，好像能“楔住”这些滑移带，因而使变形抗力提高。不溶解的杂质在多晶体中的分布特性对变形抗力的影响是很重要的。如果杂质以单独夹杂物的形式分布在晶粒内部或晶粒之间，与它们以连接成网状包围着晶粒而沿晶粒边界分布比较起来，则杂质对变形抗力和塑性的影响要小得多。对于形成网状的夹杂物，也要具体分析，脆性的网状物常常引起强度和塑性的降低，有时甚至使合金完全脆化；易熔的网常常是这些合金不能进行热变形的原因。

7.1.2　组织结构对变形抗力的影响

金属与合金的性质取决于其结构，即取决于原子间的结合和原子在空间的配合情况，当原子的排列方式发生变化即合金发生固态相变时，合金的力学性能和物理性能就发生突变。如图7-2 所示，如果不发生相变，则 α-Fe 的曲线是平滑地下降的，如果只存在 γ-Fe，曲线也是平滑延伸的。由于两者互相转变，使变形抗力在转变温度区间成为复杂的曲线。产生这种结果的原因，是发生同素异构转变的结果。

合金组织、特别是晶粒的大小，对金属材料的变形抗力也有很大的影响。通常，多晶体的晶

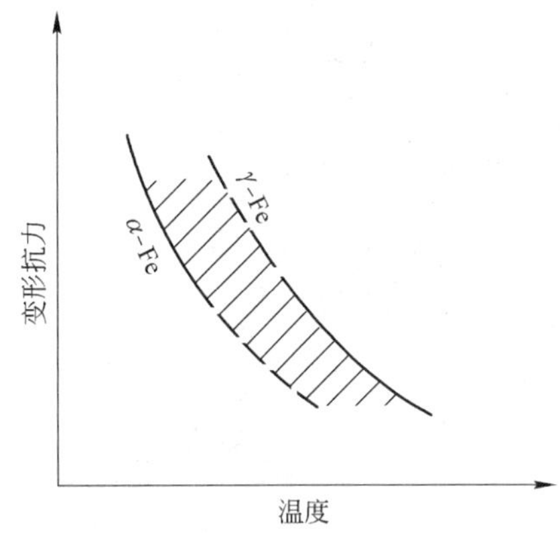

图 7-2 铁在相变时的变形抗力

粒大小为 0.01 ~ 1.0 mm，超细晶粒可以达到 1 μm 以下。一般情况下，变形抗力随晶粒尺寸的减小而增加，其原因主要是：晶粒尺寸减小时，晶体的表面积与体积之比值增加，而使表面张力增加。表面张力使晶粒表面层附近的晶格发生歪扭，周围晶粒的相互作用也引起晶粒表面层附近的晶格发生歪扭，由于这些表面力的影响，使接近晶粒界面处产生了阻碍晶体变形的难变形区。多晶体的晶粒越细化，则相应的难变形区越大，要使其产生滑移，则需要更大的力，即使变形抗力增大。

由此可以推知，当两种多晶体的晶粒形状不同，而晶粒的体积相同时，细长或者不规则的晶体要比等轴状晶体的变形抗力大；如果有两个多晶体，一个有大小不均匀的晶粒、另一个有均匀一致的晶粒，且其尺寸等于前者的平均值，则前者的变形抗力比后者大，这是因为晶粒大小不均匀时各个晶粒的变形抗力也不同，晶粒间的应力分布也不均匀，从而使变形抗力增加。

7.2 影响变形抗力的外部因素

影响金属变形抗力的外因主要是指金属在塑性变形时的各工艺因素，其中包括：变形温度、变形速度、变形程度和应力状态等。

7.2.1 变形温度

由于温度的升高，降低了金属原子间的结合力，因此，所有金属材料的变形抗力都随变形温度的提高而降低（见图 7-3）。从图 7-4 中镉和锌的真实应力曲线可以明显看出，不同温度下的真实应力曲线有不同的斜率，这说明其硬化强度不同。一般的规律是，随着温度的升高，硬化强度减小，而且从一定的温度开始，硬化曲线几乎平行于横坐标轴，这表明在该温度下已经不产生硬化了。

硬化强度随温度的升高而变小的原因是，在加工过程中，回复和再结晶的软化过程表现得越来越强烈；随温度的升高，起作用的塑性变形机构增多而且位向的影响逐渐减弱，在回复温度以下，主要的塑性变形机构为滑移和孪晶，而在高于回复温度以及到达再结晶温度以后，扩散也发生作用，并且滑移也可沿着其他结晶学平面产生，晶间机构及溶解-沉积机构也开始显示其作用；随温度的升高，基本塑性变形机构会明显改变其特性，其力学现象变得不明显，开始显示出滑移

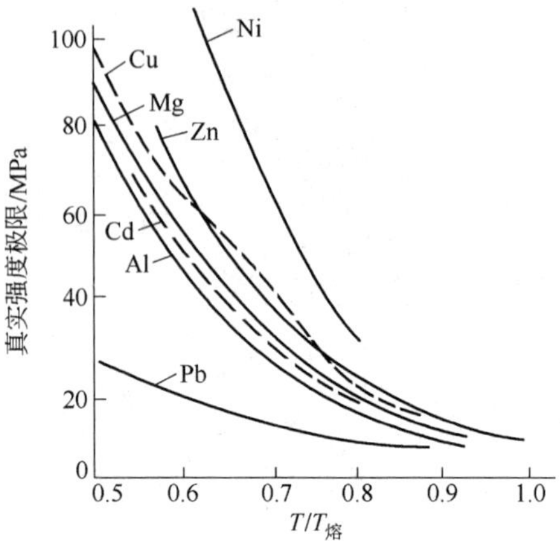

图 7-3　多种金属的真实强度极限与温度的关系

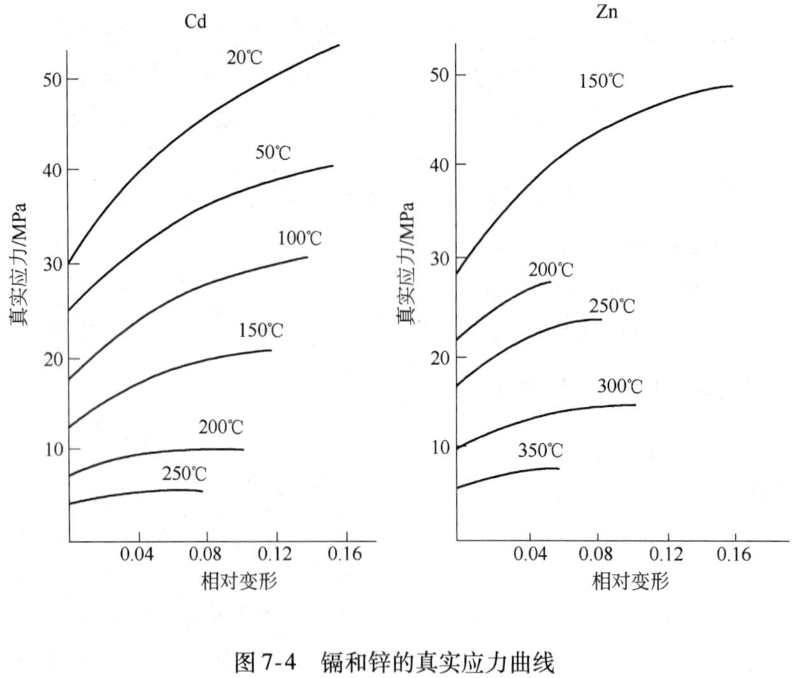

图 7-4　镉和锌的真实应力曲线

的扩散特性。

对于那些随温度的变化，内部发生相变的金属，在相变温度下，其变形抗力将产生突然性的变化，如图 7-2 所示。

7.2.2　变形速度

变形速度对变形抗力的影响，主要取决于在塑性变形过程中，金属内部发生的硬化与软化这一对矛盾的转化结果。回复与再结晶过程，不但同晶格的畸变及温度的高低有关，而且与过程的时间也有关系，只有足够的时间才能使回复与再结晶过程实现，所以，变形速度的提高，对软化具有二重性。变形速度高,使变形热效应加剧,热效应的增加有利于软化过程的发展,可以促使变形抗力降低。变形时间的短促,不利于软化过程的完成,难以消除硬化的影响,而使变形抗力提高。另外,变形过程的时间缩短,使塑性变形机构的发生、发展时间不足,也会使变形抗力提高。塑性变形机构的发生、发展时间不足,是因为塑性变形是由于滑移、孪晶、扩散、溶解－沉积、晶粒转动等机构在起作用,它们的发生、发展均需一定时间,当变形速度很快时,它们根本来不及充分发展。

一般认为,在低温下变形速度的提高对变形抗力的影响不大。在高温下,因变形速度的增加使变形抗力增加的相对值就大了,见图 7-5、图 7-6。这是因为,变形速度的增加在冷变形条件下,所引起的抗力相对增加量要小,因为金属材料原来的抗力就比较大,变形时热效应显著。在热效应的作用下,变形抗力可在很大的速度范围内保持不变,甚至使之随着变形速度的增大而减小;反之,在高温变形时,因为原来金属变形抗力比较小,变形速度的增加使变形增加的相对值就显的大得多;又由于在高温下变形热效应的作用也相对变小,而且速度的提高使变形时间缩短,软化过程来不及充分发展,所以,此时变形速度的作用不可忽视。

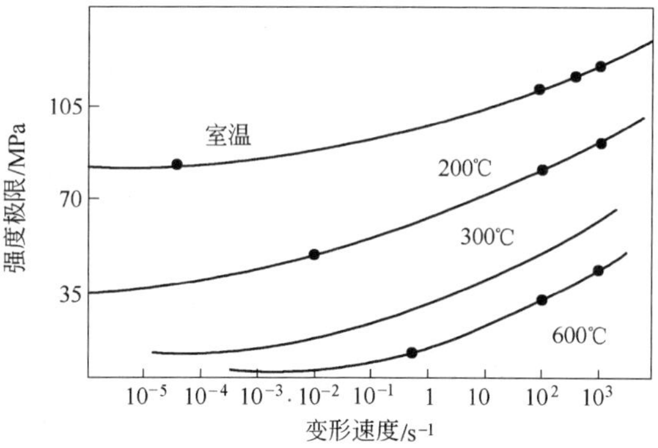

图 7-5 变形速度对铝的强度极限的影响

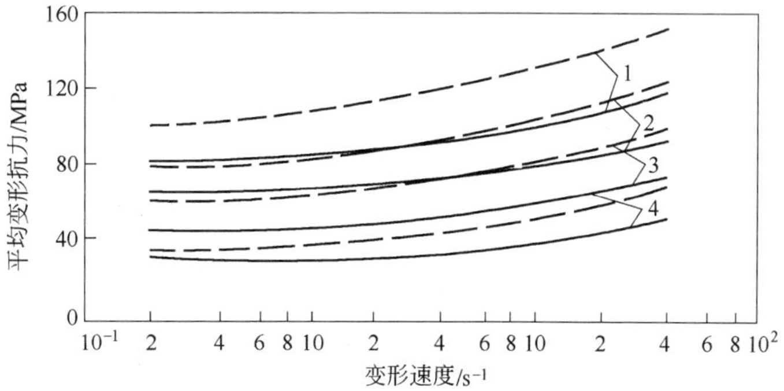

图 7-6 铜在不同温度下平均变形抗力与变形速度的关系

(实线表示 $\varepsilon=20\%$;虚线表示 $\varepsilon=40\%$)

1—450℃;2—600℃;3—750℃;4—950℃

由此可见,变形速度-变形温度是不可分割的,研究变形速度对塑性变形过程的影响时,一定要联系起来综合考虑,并且注意因此而引起的金属内部矛盾双方的转化。

7.2.3　变形程度

无论在室温还是在高温条件下，只要回复和再结晶过程来不及充分进行，则变形程度的增加必然引起加工硬化的发展，因而使变形抗力增加。通常，变形程度在 30% 以下时，变形抗力的增加比较显著，当变形程度较高时，随着变形程度的增加变形抗力增加变得比较缓慢。后者可能是由于变形程度增加使晶格畸变能增加，从而促进了回复与再结晶，同时，由塑性变形功产生的热量也增多，从而使变形温度提高的缘故。

对同一金属与合金，进行冷加工时，影响变形抗力的最主要因素是变形程度。在热加工时，影响变形抗力的主要因素是变形温度、变形速度和变形程度。

因为在冷变形中变形程度是影响变形抗力的最主要因素，为适应生产要求，需知道在不同变形程度下的变形抗力，这种定量关系，通常用硬化曲线来描述或用变形抗力与变形程度的关系式来描述。

硬化曲线就是塑性变形时真实应力与变形程度的关系曲线，硬化曲线的纵坐标为真实应力，横坐标为变形程度。硬化曲线可用拉伸、压缩或扭转的方法来制定，但常用为拉伸方法。在拉伸法中按变形程度表示方法的不同，硬化曲线可分为三种。第一类是以真实应力与相对伸长率为坐标；第二类是以真实应力与断面收缩率为坐标，第三类是以真实应力与对数应变为坐标。最常用的是第一类和第二类硬化曲线。图 7-7 为部分金属的硬化曲线。

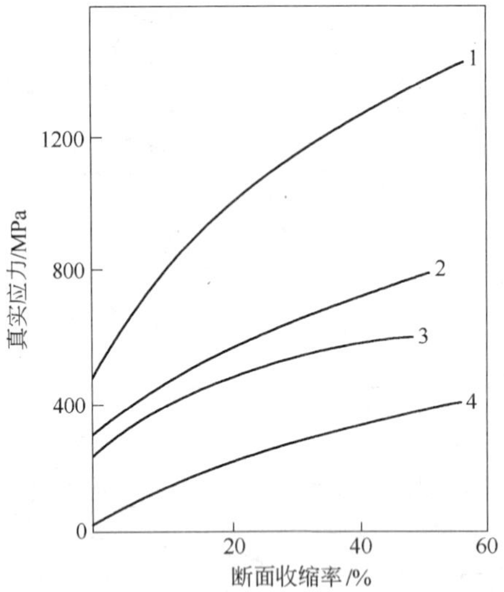

图 7-7　几种金属的硬化曲线

1—钢；2—H68 黄铜；3—铝合金 2A12；4—铜

7.2.4　应力状态

应力状态对变形抗力影响的实质，不论在哪种情况下，皆为应力状态类型及静水压力值在起作用。例如，用挤压法加工时的变形抗力比平辊轧制时的变形抗力大，孔型中的轧制也比平辊轧制时的变形抗力高，模锻时的变形抗力比自由锻造时的变形抗力大等。上述几种压力加工方法，金属所承受的都是三向压应力状态，但是，由于工具形状的不同，加工中三向压应力强度并不一样，即静水压力值不等。挤压时的静水压力值比平辊轧制时的静水压力值大；孔型轧制时的静水压力值比平辊轧制时的静水压力值大；模锻时的静水压力值比自由锻造时的静水压力值大，因此表现出变形抗力的不同。

主应力图的形式对变形抗力影响的规律是：同号图的变形抗力大，异号图的变形抗力小。同号图中的压应力强度值越大，变形抗力也越大。因为金属的塑性变形主要是依靠滑移机构实现的，而滑移的产生是沿滑移面上的切应力所致。在同号图中（见图7-8a）由于主应力 σ_x 和 σ_y 引起的作用在滑移面（主切平面）上的切应力分量 τ_x 和 τ_y 的方向是相反的，τ_x 和 τ_y 综合作用的结果是相互抵消一部分，只有 τ_x 和 τ_y 之差能够满足塑性条件时，金属才能产生滑移。反之在异号图中（见图7-8b）切应力分量 τ_x 和 τ_y 方向是相同的，综合作用的结果是相互叠加，虽然 τ_x 和 τ_y 各自不能满足塑性条件，但叠加后就可能满足塑性条件而产生滑移。

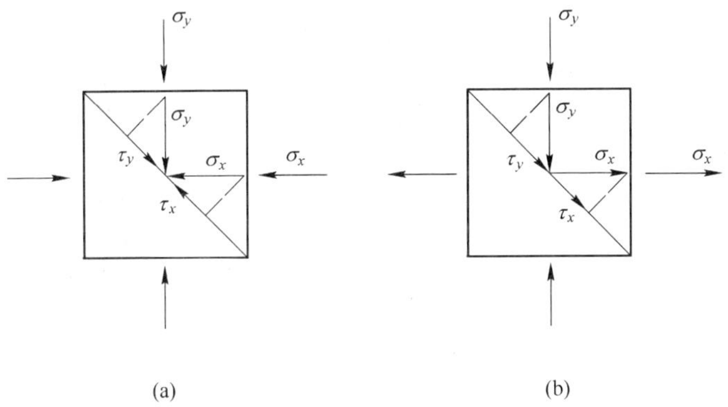

图7-8 应力图对变形抗力影响示意图

(a)同号图；(b)异号图

可见，对于同一种金属材料来说，要使其产生滑移，在滑移面上必须有足够的切应力。在同号图中，由于切应力数值要相互抵消一部分，所以，由主应力所引起的切应力分量有一个要增加，即需增大外力，这就表现为变形抗力较大。在异号图中，由主应力引起的切应力分量相互叠加，所以，各切应力分量数值可以小一些，这就表现为变形抗力较低。

复习思考题

1. 什么是金属的变形抗力，有人说："金属变形抗力高塑性就低，变形抗力低塑性就高"这种说法对吗，为什么？
2. 化学成分和组织结构对变形抗力影响的情况如何？
3. 变形温度、变形程度对变形抗力如何影响？
4. 叙述应力状态和静水压力值对变形抗力的影响。

参考文献

1 曹乃光．金属塑性加工原理．北京:冶金工业出版社,1983

2 隋振祥．有色金属压力加工原理．北京:中国有色金属工业总公司职工教育教材编审办公室,1986

3 赵志业．金属塑性变形与轧制理论(第2版)．北京:冶金工业出版社,1996

4 苏玉芹．金属塑性变形原理．北京:冶金工业出版社,1995

5 彭大暑．金属塑性加工原理．长沙:中南工业大学出版社,2004

6 王占学．塑性加工金属学．北京:冶金工业出版社,1991

7 曹明盛．物理冶金基础．北京:冶金工业出版社,1985

8 钟卫佳,马克定,吴维治．铜加工技术实用手册．北京:冶金工业出版社,2007

9 重有色金属材料加工手册编写组．重有色金属材料加工手册．北京:冶金工业出版社,1979

10 赵志业．金属塑性加工力学．北京:冶金工业出版社,1987

11 东北工学院钢铁压力加工教研组．金属压力加工原理．北京:中国工业出版社,1961

12 崔忠圻,刘北兴．金属学与热处理原理．哈尔滨:哈尔滨工业大学出版社,1998

13 史美堂．金属材料及热处理．上海:上海科学技术出版社,1983

14 王祝堂,田荣璋．铝合金及其加工手册．长沙:中南工业大学出版社,1989

15 轻金属材料加工手册编写组．轻金属材料加工手册．北京:冶金工业出版社,1979

16 曹乃光．金属压力加工概论．北京:中南矿冶学院材料科学与工程系,1983

冶金工业出版社部分图书推荐

书　　名	定价(元)
轧制工程学(本科教材)	32.00
材料成形工艺学(本科教材)	69.00
加热炉(第3版)(本科教材)	32.00
金属塑性成形力学(本科教材)	26.00
金属压力加工概论(第2版)(本科教材)	29.00
材料成形实验技术(本科教材)	16.00
冶金热工基础(本科教材)	30.00
连续铸钢(本科教材)	30.00
塑性加工金属学(本科教材)	25.00
轧钢机械(第3版)(本科教材)	49.00
机械安装与维护(职业技术学院教材)	22.00
金属压力加工理论基础(职业技术学院教材)	37.00
参数检测与自动控制(职业技术学院教材)	39.00
黑色金属压力加工实训(职业技术学院教材)	22.00
铜加工技术实用手册	268.00
铜加工生产技术问答	69.00
铜水(气)管及管接件生产、使用技术	28.00
冷凝管生产技术	29.00
铜及铜合金挤压生产技术	35.00
铜及铜合金熔炼与铸造技术	28.00
铜合金管及不锈钢管	20.00
现代铜盘管生产技术	26.00
高性能铜合金及其加工技术	29.00
铝加工技术实用手册	248.00
铝合金熔铸生产技术问答	49.00
镁合金制备与加工技术	128.00
薄板坯连铸连轧钢的组织性能控制	79.00
彩色涂层钢板生产工艺与装备技术	69.00
铝合金材料的应用与技术开发	48.00
大型铝合金型材挤压技术与工模具优化设计	29.00
连续挤压技术及其应用	26.00
多元渗硼技术及其应用	22.00
铝型材挤压模具设计、制造、使用及维修	43.00
金属挤压理论与技术	25.00
金属塑性变形的实验方法	28.00